工程质量管理标准化指导手册
（混凝土结构分册）

中国建筑股份有限公司　主编

中国建筑工业出版社

图书在版编目（CIP）数据

工程质量管理标准化指导手册. 混凝土结构分册 / 中国建筑股份有限公司主编. -- 北京 ：中国建筑工业出版社，2025. 2. -- ISBN 978-7-112-30874-3

Ⅰ. TU712. 3-65

中国国家版本馆 CIP 数据核字第 2025E7X633 号

责任编辑：万　李　张　磊
责任校对：赵　力

工程质量管理标准化指导手册（混凝土结构分册）
中国建筑股份有限公司　主编
*
中国建筑工业出版社出版、发行（北京海淀三里河路 9 号）
各地新华书店、建筑书店经销
北京科地亚盟排版公司制版
建工社（河北）印刷有限公司印刷
*
开本：787 毫米×1092 毫米　横 1/16　印张：4¼　字数：100 千字
2025 年 2 月第一版　2025 年 2 月第一次印刷
定价：**45.00** 元
ISBN 978-7-112-30874-3
（43843）

如有内容及印装质量问题，请与本社读者服务中心联系
电话：（010）58337283　QQ：2885381756
（地址：北京海淀三里河路 9 号中国建筑工业出版社 604 室　邮政编码：100037）

本书编委会

前　言

为深入学习贯彻习近平新时代中国特色社会主义思想和党的二十大精神，进一步强化质量责任落实，关注重要环节、重点工序，严格施工过程控制，推进项目施工质量管理标准化，中国建筑股份有限公司组织编制了《工程质量管理标准化指导手册（混凝土结构分册）》（以下简称《手册》），本《手册》由钢筋工程、模板工程、混凝土工程、装配式工程相关内容构成。

本《手册》以现行国家质量验收规范、相关图集、工艺规程等质量相关标准为依据，内容包括混凝土结构工程各道施工工艺质量标准，对施工质量管理过程中的施工准备、工艺流程管理、质量控制标准、职责分工、文件记录管理和质量通病预控等进行了规定和说明，是一本对工程现场施工管理执行施工工艺流程常态化、工序质量控制规范化、职责分工明确化、文件记录具体化的指导文件。

在进行施工现场质量管理时，必须严格执行本《手册》。在《手册》应用过程中要坚持高起点、严要求、重落实，努力打造全国施工质量标准化工地、样板工地。

中国建筑股份有限公司

目　　录

一、钢筋工程

1. 施工准备

（1）技术准备

1）组织施工技术人员熟悉图纸，认真学习有关的规范、规程或规定，进行施工图审查及专业校核。

2）提前分析确定施工中的难点及需要着重注意的部分，注意梁柱节点、异形部位（梁、柱截面变化处等）的钢筋直径和数量的变化。

3）配筋人员必须严格执行《混凝土结构施工图平面整体表示方法制图规则和构造详图》《建筑物抗震构造详图》以及国家标准和施工规范进行钢筋配筋，由专业工程师、技术工程师共同审核。

4）由总工程师组织技术工程师编制专项施工方案、试验方案，经相关部门会审，审核合格由总工程师签字、项目经理审批后报监理单位。

5）技术方案应根据工程实际情况进行编制，应包含总体施工部署、施工人员、机具准备、主要施工方法、质量控制要点、通病防治措施等内容。

6）技术部对项目部有关人员、分包技术人员进行方案交底；工程部对分包工长、班组长进行技术安全交底；分包工长对班组进行技术交底。

7）施工队伍按要求办理进场有关手续，进行三级安全教育和专业技能培训。特殊工种如电气焊等需经培训取证后方可上岗。

8）建立“样板引路”制度：针对施工过程中的重要部位、关键节点建立施工实体样板，样板制作过程中应及时收集样板施工、图片、影像资料，制作完成并经验收合格后可作为后期施工交底资料。

（2）材料准备

1）钢材采购严格按照相关物资采购管理规定和相关标准规范执行，钢材厂家和品牌提前向业主、监理报批。

2）钢筋原材应进行复试，合格后方可使用；钢筋机械连接、焊接前应进行工艺检验，工艺检验合格后按照合格工艺参数进行批量加工，现场钢筋连接接头应进行取样复试。

3）严格考察分供方并提出供货要求，特别是纵向受力钢筋在满足有关国家标准的基础上，还必须满足现行《混凝土结构工程施工质量验收规范》GB 50204 关于抗震结构的力学性能要求。

4）钢筋原材：由物资部根据施工进度分批进场，选用定尺钢筋 12m、9m 以利于配筋、下料。

5）钢筋与型钢、钢板焊接时，HPB300 级钢筋、Q235B 钢焊条选用 E43 型焊条，HRB400 级钢筋、Q345B 钢采用 E50 型焊条，钢筋与钢板（型钢）焊接随钢筋定焊条，焊接须严格按照现行《钢筋焊接及验收规程》JGJ 18 执行。

（3）机具准备

应按施工需求准备相应钢筋加工机具，如：无延伸功能的钢筋调直设备、钢筋切断机、钢筋弯曲机、滚轧直螺纹成型机、力矩扳手、电焊机、无齿锯等。

2. 工艺流程

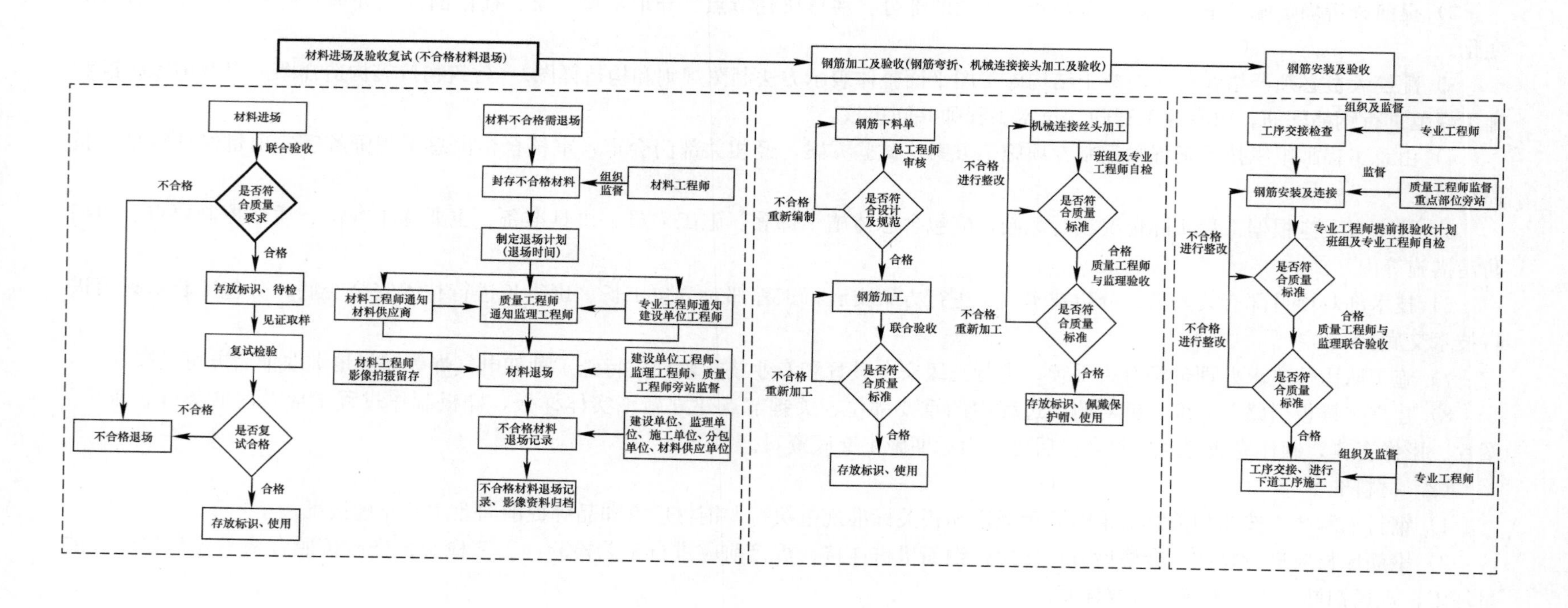

3. 标准化管理

施工步骤	工艺流程	质量控制要点	图示说明	组织人员工作	参与人员工作			
				材料工程师	质量工程师	专业工程师	技术工程师	试验工程师
1 材料进场	原材料验收	1. 文件检查：钢筋进场前应核对原材的质量证明资料（材料清单、产品质量证明书、出厂检验报告）。资料须注明钢筋进场时间、进场数量、炉批号、原材编号、经办人。钢筋出厂检验报告应与钢筋成品合格证（号牌）相符；第一次进场时，需要核查厂家资质。 2. 外观检查：进场时每批钢筋进行全数外观检查，检查内容为钢筋应平直、无损伤，表面不得有裂纹、油污、颗粒状或片状老锈。 3. 尺寸检查：钢筋原材的公称直径、长度、外形等检查。 4. 直螺纹套筒检查：连接套筒螺纹牙型应饱满，表面不得有裂纹，不得有严重锈蚀和其他肉眼可见缺陷，并进行内外径、壁厚、长度检查。 5. 对于不合格品进行退场处理。 6. 原材料按照统一标准化的要求进行标识和存放。 7. 取样复试：钢筋原材取样进行力学性能、工艺性能、重量偏差检验	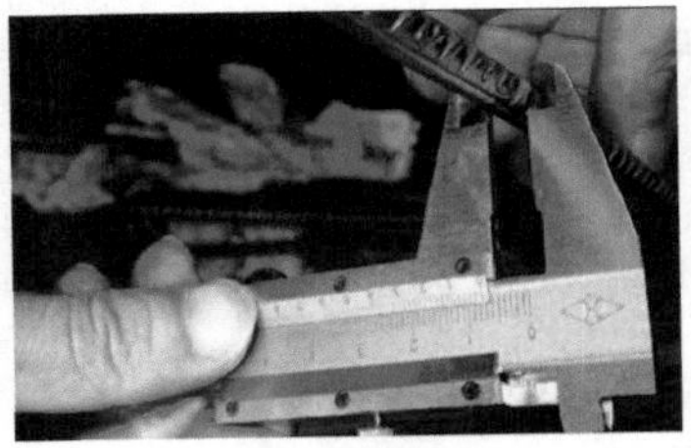 钢筋直径检查  钢筋原材专业码放架	1. 收集并核查质量证明文件。 2. 准备游标卡尺、卷尺等验收工具。 3. 组织联合验收，做好进场验收台账。 4. 填写及签署材料、构配件进场检验记录。 5. 发出钢筋取样、送检通知单	1. 核查质量证明文件。 2. 钢筋规格型号、外观质量检查验收。 3. 签署材料、构配件进场检验记录	1. 核查钢筋规格、型号等。 2. 钢筋规格型号、外观质量检查验收	1. 核查质量证明文件。 2. 钢筋规格型号、外观质量检查验收	1. 填写及签署见证记录。 2. 填写检验试验台账。 3. 根据规范要求进行取样送检工作。 4. 跟踪复试情况及时领取复试报告，复试结果通知相关人员并资料归档
				形成资料				
				1. 进场验收台账。 2. 材料、构配件进场检验记录。 3. 取样、送检通知单	—	施工日志	—	1. 试验台账。 2. 复试报告

续表

施工步骤	工艺流程	质量控制要点	图示说明	组织人员工作	参与人员工作			
				材料工程师	质量工程师	专业工程师	技术工程师	试验工程师
1 材料进场	不合格品处理	不合格品处理：不符合质量标准的钢筋材料退场处理	 不合格材料退场流程	1. 现场封存不合格钢筋并设置标识牌。 2. 填写不合格品处置台账。 3. 组织钢筋退场，联系供应商。 4. 要求供应单位在不合格品退场记录上签字盖章（运输单位提供运输单据）。 5. 留存影像证明资料并及时归档	1. 核查现场不合格钢筋封存落实情况。 2. 向监理单位申请不合格钢筋退场。 3. 监督不合格钢筋退场并签署不合格品退场记录	1. 告知分包单位禁止使用。 2. 参与不合格钢筋退场并签署不合格品退场记录。 3. 通知建设单位不合格钢筋退场	参与不合格钢筋退场并签署不合格品退场记录	1. 复试不合格材料根据规范要求进行二次复试（钢筋重量偏差不合格不得复验），合格后使用。 2. 二次复试不合格通知相关人员
				形成资料				
				1. 不合格品处置台账。 2. 不合格品退场记录	—	施工日志	—	复试报告

续表

施工步骤	工艺流程	质量控制要点	图示说明	组织人员工作	参与人员工作		
				专业工程师	质量工程师	技术工程师	
2 钢筋加工	钢筋弯折	1. 钢筋调直必须采用无延伸功能的机械设备（数控调直机）进行调直。 2. 同规格钢筋根据不同长度长短搭配，统筹排料；先断长料，后断短料，减少短头，减少损耗。 3. 光圆钢筋末端须做180°弯钩时，弯弧内直径不应小于钢筋直径的2.5倍，弯钩平直段长度不应小于钢筋直径的3倍。 4. 箍筋平面无翘曲，四角在同一平面。保证弯钩135°，平直段长度不小于钢筋直径的10倍且不小于75mm，且两个弯钩平直段相互平行	≥10*d*且 ≥75mm 箍筋平直段检查	1. 审查钢筋下料单，确保符合图纸设计及规范要求并签字确认。 2. 监督钢筋加工质量并进行自检工作，形成自检记录。 3. 报质量部进行检验批验收	1. 开展钢筋加工区质量日常巡检工作。 2. 组织联合验收，做好预验收并向监理工程师报验。 3. 核查原始自检记录并填写钢筋加工检验批质量验收记录	1. 监督钢筋工程施工方案的实施，填写钢筋施工方案现场复核记录。 2. 审查钢筋下料单，确保符合图纸设计及规范要求并签字确认	
				形成资料			
				1. 钢筋下料单。 2. 技术交底记录。 3. 自检记录	检验批质量验收记录	现场复核记录	
				专业工程师	质量工程师	技术工程师	试验工程师
	直螺纹加工	1. 应按接头厂家提供的加工、安装技术要求进行加工，操作工人经专业培训合格后上岗，保证人员稳定。 2. 钢筋应采用专业机械进行切断加工，保证端头平齐，不得有扭曲。 3. 钢筋丝头加工时应使用水性润滑液，不得使用油性润滑液。 4. 钢筋丝头长度应满足产品设计要求，极限偏差应为0～2.0*P*。 5. 用专用的螺纹环规检验，其环通规应能顺利旋入，环止规旋入长度不得超过3*P*。 6. 落实成品保护措施（佩戴保护帽等）。	螺纹检验示意图 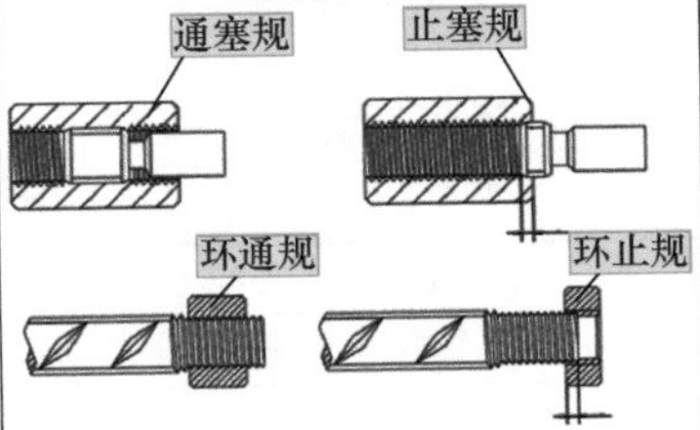 通塞规 止塞规 环通规 环止规 螺纹检验 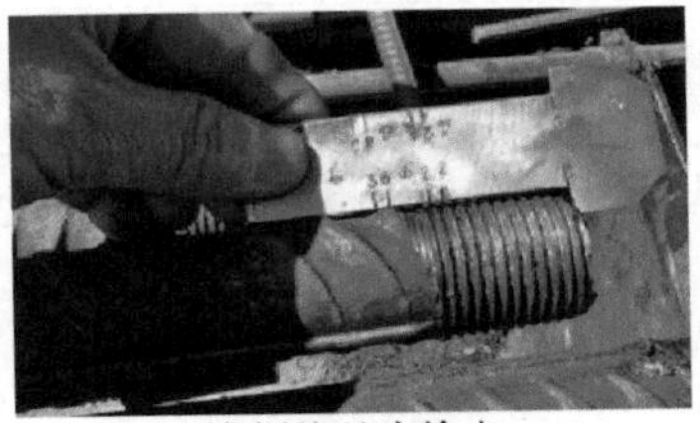 直螺纹丝头检查	1. 联系套筒生产厂家技术人员进行交底并留存专业厂家交底记录。 2. 组织操作人员进行考核，合格后下发上岗证并将考试资料归档。 3. 配合试验工程师现场机械连接工艺检验试验工作。 4. 报质量部进行检验批报验。 5. 检查成品保护措施落实情况	1. 开展钢筋加工区质量日常巡检工作。 2. 组织联合验收，做好预验收并向监理工程师报验。 3. 编制钢筋连接检验批质量验收记录。 4. 填写钢筋螺纹加工现场检查记录	监督钢筋施工方案的实施，编制钢筋施工方案现场复核记录	1. 向监理工程师进行机械连接工艺检验试验见证，填写及签署见证记录。 2. 填写检验试验台账。 3. 根据规范要求进行取样送检工作。 4. 跟踪复试情况及时领取复试报告，复试结果通知相关人员并资料归档
				形成资料			
				1. 专业厂家交底记录。 2. 操作人员考试资料。 3. 丝头加工检查记录。 4. 施工日志	1. 钢筋连接检验批验收记录。 2. 现场检查记录	现场复核记录	1. 见证记录。 2. 检验试验台账。 3. 复试报告

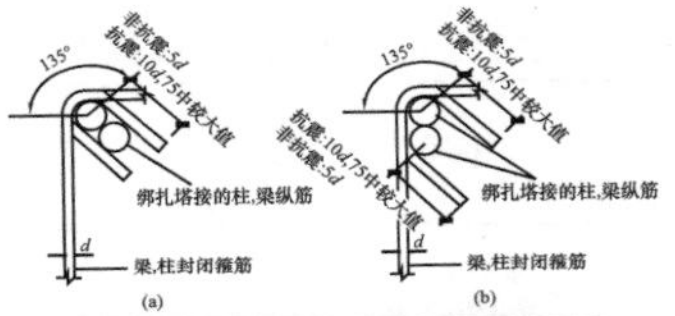

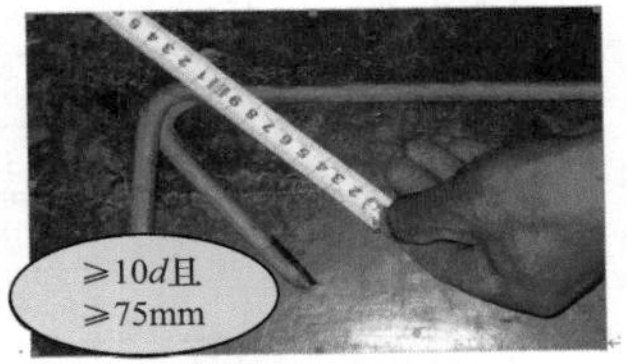

续表

施工步骤	工艺流程	质量控制要点	具体要求内容
2 钢筋加工	直螺纹加工	7. 钢筋丝头加工完毕后，操作班组应对加工丝头100%进行自检。 8. 自检合格后的丝头，应由项目部质检员随机抽样进行检验。以一个班组加工的丝头为一个检验批，随机抽检10%，且不少于10个。 9. 抽检合格率不应小于95%。当抽检合格率小于95%时，应另抽取同样数量的丝头重新检验。当两次检验的总合格率不小于95%时，该批产品合格。若合格率仍小于95%时，应对全部丝头进行逐个检验，合格后方可使用。 10. 按照《混凝土用水标准》JGJ 63—2006附录D形成丝头加工质量检查记录表	钢筋机械连接用直螺纹套筒最小尺寸参数表（单位：mm）

现场钢筋丝头加工质量检验记录表

工程名称			[illegible]规格		抽检数量		
工程部位			生产班次		代表数量		
[illegible]单位			生产日期		接头类型		
检验结果							
序号	钢筋直径	丝头螺纹检验		丝头外观检验			备注
		环通规	环止规	有效螺纹长度	不完整螺纹	外观检查	

质检负责人： 检验员： 检验日期：

注1：螺纹尺寸检验应按6.3.2的规定，选用专用的螺纹环规检验。

注2：相关尺寸检验合格后，在相应的格里打“√”，不合格时打“×”，并在备注栏加以标注。

钢筋机械连接用直螺纹套筒最小尺寸参数表（单位：mm）

适用钢筋强度级别	套筒类型	序号	尺寸	钢筋直径					
				12	14	16	18	20	22
≤400级	剥肋滚轧直螺纹	标准型正反丝型	外径 D	18.0	21.0	24.0	27.0	30.0	32.5
			长度 L	28.0	32.0	36.0	41.0	45.0	49.0
	直接滚轧直螺纹	标准型正反丝型	外径 D	18.5	21.5	24.5	27.5	30.5	33.0
			长度 L	28.0	32.0	36.0	41.0	45.0	49.0

适用钢筋强度级别	套筒类型	序号	尺寸	钢筋直径					
				25	28	30	36	40	50
≤400级	剥肋滚轧直螺纹	标准型正反丝型	外径 D	37.0	41.5	47.5	53.0	59.0	74.0
			长度 L	56.0	62.0	70.0	78.0	86.0	106.0
	直接滚轧直螺纹	标准型正反丝型	外径 D	37.5	42.0	48.0	53.5	59.5	74.0
			长度 L	56.0	62.0	70.0	78.0	86.0	106.0

适用钢筋强度级别	套筒类型	序号	尺寸	钢筋直径					
				12	14	16	18	20	22
500级	剥肋滚轧直螺纹	标准型正反丝型	外径 D	19.0	22.5	25.5	28.5	31.5	34.5
			长度 L	32.0	36.0	40.0	46.0	50.0	54.0
	直接滚轧直螺纹	标准型正反丝型	外径 D	19.5	23.0	26.0	29.0	32.0	35.0
			长度 L	32.0	36.0	40.0	46.0	50.0	54.0

适用钢筋强度级别	套筒类型	序号	尺寸	钢筋直径					
				25	28	30	36	40	50
500级	剥肋滚轧直螺纹	标准型正反丝型	外径 D	39.5	44.0	50.5	56.5	62.5	78.0
			长度 L	62.0	68.0	76.0	84.0	92.0	112.0
	直接滚轧直螺纹	标准型正反丝型	外径 D	40.0	44.5	51.0	57.0	63.0	78.5
			长度 L	62.0	68.0	76.0	84.0	92.0	112.0

续表

施工步骤	工艺流程	质量控制要点	图示说明	组织人员工作	参与人员工作		
				质量工程师	专业工程师	技术工程师	试验工程师
3 钢筋安装	绑扎搭接机械连接	1. 接头应设置在受力较小处。 2. 有抗震设防要求的结构中，梁端、柱端箍筋加密区范围内尽可能不设置钢筋接头，且不得进行钢筋搭接。 3. 同一纵向受力钢筋不宜设置两个或两个以上接头。 4. 接头末端至钢筋弯起点的距离不应小于钢筋直径的10倍。 5. 轴心受拉及小偏心受拉构件的纵向受力钢筋不得采用绑扎搭接。 6. 钢筋采用绑扎搭接时，受拉钢筋直径不宜大于25mm，受压钢筋直径不宜大于28mm。 7. 绑扎搭接范围内，箍筋需按要求加密。 8. 同一构件内的接头宜分批错开。 9. 各接头的横向净间距 s 不应小于钢筋直径，且不应小于25mm。 10. 搭接接头连接区段的长度为1.3倍搭接长度，机械连接接头连接区段的长度 $35d$，凡接头中点位于该连接区段长度内的接头均属于同一连接区段。 11. 连接套筒单边外露有效螺纹不得超过 $2P$，丝头在套筒中央位置顶紧。 12. 钢筋直螺纹接头拧紧后应用力矩扳手进行全数拧紧力矩检查并进行标记	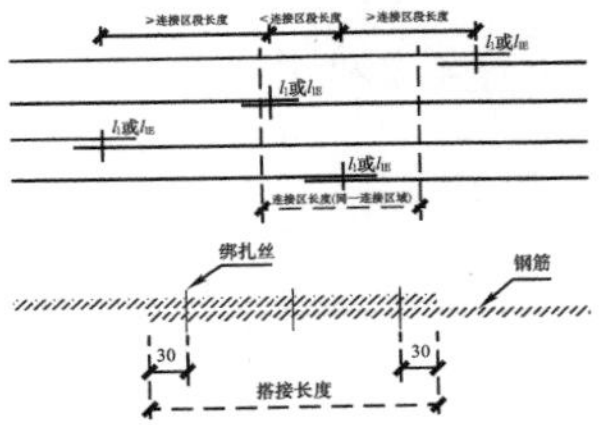 钢筋搭接长度计算  钢筋直螺纹连接  钢筋直螺纹现场取样	1. 开展施工作业面质量巡查工作。 2. 组织联合验收，做好预验收并向监理工程师报验。 3. 准备验收工具。 4. 填写及签署钢筋安装检验批质量验收记录。 5. 签署隐蔽验收记录	1. 按规范、图纸、施工方案组织施工。 2. 监控工序操作质量，监督自检、互检和交接检工作。 3. 组织机械连接现场复试取样工作，向监理工程师进行试验及检测见证申请。 4. 向质量部进行检验批报验。 5. 编制并签署现场验收检查原始记录、隐蔽验收记录。 6. 留存影像资料并及时归档	监督钢筋工程施工方案的实施，填写钢筋施工方案现场复核记录	1. 根据机械连接现场连接接头取样标准指导现场取样。 2. 建立检验试验台账。 3. 填写及签署见证记录。 4. 跟踪复试情况及时领取复试报告，复试结果通知相关人员并资料归档
				形成资料			
				钢筋安装检验批质量验收记录	1. 隐蔽验收记录。 2. 施工日志	现场复核记录	复试报告

续表

施工步骤	工艺流程	质量控制要点	图示说明	组织人员工作	参与人员工作		
				质量工程师	专业工程师	技术工程师	试验工程师
3 钢筋安装	电渣压力焊	1. 电渣压力焊应用于现浇钢筋混凝土结构中竖向或斜向（倾斜度不大于10°）钢筋连接。 2. 直径12mm钢筋电渣压力焊时，应采用小型焊接夹具，上下两钢筋对正，不偏歪。 3. 电渣压力焊焊机容量应根据所焊钢筋直径选定，接线端应连接紧密，确保良好导电。 4. 焊接夹具应具有足够刚度，夹具形式、型号应与焊接钢筋配套，上下钳口应同心，在最大允许荷载下应移动灵活，操作便利，电压表、时间显示器应配备齐全。 5. 焊接夹具的上下钳口应夹紧于上、下钢筋上；钢筋一经夹紧，不得晃动，且两钢筋应同心。 6. 引燃电弧后，应先进行电弧过程，然后，加快上钢筋下送速度，使上钢筋端面插入液态渣池约2mm，转变为电渣过程，最后在断电的同时，迅速下压上钢筋，挤出熔化金属和熔渣。 7. 接头焊毕，应稍作停歇，方可回收焊剂和卸下焊接夹具；敲去渣壳后，四周焊包突出钢筋表面的高度，当钢筋直径为25mm及以下时不得小于4mm；当钢筋直径为28mm及以上时不得小于6mm。 8. 焊接生产中焊工应进行自检，当发现偏心、弯折、烧伤等焊接缺陷时，应查找原因，采取措施，及时消除。 9. 引弧可采用直接引弧或铁丝圈（焊条芯）间接引弧法	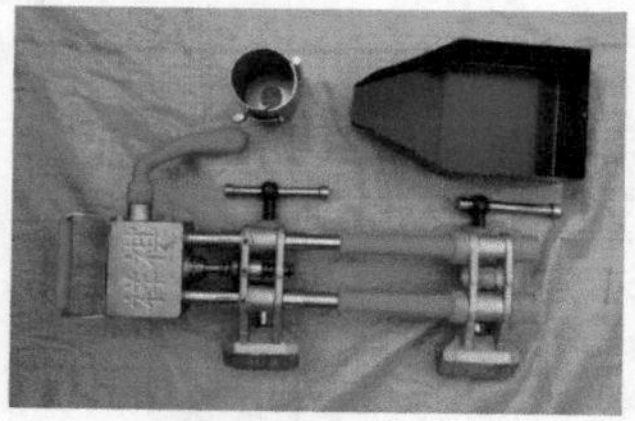 电渣压力焊机具 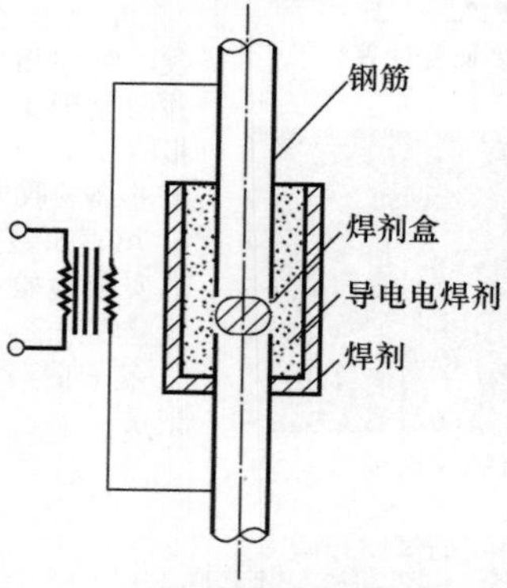 钢筋 焊剂盒 导电电焊剂 焊剂 电渣压力焊原理图  电渣压力焊成型	1. 开展施工作业面质量巡查工作。 2. 组织联合验收，做好预验收并向监理工程师报验。 3. 准备验收工具。 4. 填写及签署钢筋安装检验批质量验收记录。 5. 签署隐蔽验收记录	1. 按规范、图纸、施工方案组织施工。 2. 监控工序操作质量，监督自检、互检和交接检工作。 3. 组织焊接连接现场复试取样工作，向监理工程师进行试验及检测见证申请。 4. 向质量部进行检验批报验。 5. 编制并签署现场验收检查原始记录、隐蔽验收记录。 6. 留存影像资料并及时归档	监督钢筋工程施工方案的实施，填写钢筋施工方案现场复核记录	1. 根据焊接连接现场连接接头取样标准指导现场取样。 2. 建立检验试验台账。 3. 填写及签署见证记录。 4. 跟踪复试情况及时领取复试报告，复试结果通知相关人员并资料归档
				形成资料			
				钢筋安装检验批质量验收记录	1. 验收检查原始记录。 2. 隐蔽验收记录。 3. 施工日志	现场复核记录	钢筋安装检验批质量验收记录

续表

施工步骤	工艺流程	质量控制要点	图示说明	组织人员工作	参与人员工作	
				质量工程师	专业工程师	技术工程师
3 钢筋安装	钢筋绑扎	1. 板面钢筋绑扎前应在模板上绘制出钢筋位置。 2. 双向受力钢筋绑扎时应将钢筋交叉点全部绑扎，控制钢筋不位移，不得漏绑。 3. 绑扎采用22号火烧丝或镀锌铅丝，为防止钢筋跑位，丝扣不能一顺扣，要间隔采用正反八字扣。对于主筋与箍筋垂直部位采用缠扣绑扎方式。 4. 对于主筋与箍筋拐角部位采用套扣绑扎方式。 5. 墙体钢筋绑扎时应对面绑扎，楼板钢筋上铁绑扎完应将绑扎丝头弯向混凝土内，即保证所有绑扎丝头最后一律朝向混凝土内部。 6. 梁柱核心区箍筋安装方式及数量、起步筋定位、插筋锚固长度及方式，纵向受力钢筋的品种、规格、数量、位置等，钢筋的连接方式、接头位置、接头数量、接头面积百分率等，箍筋、横向钢筋的品种、规格、数量、间距等，必须符合设计及现行规范要求。 7. 预埋件的规格、数量、位置等，必须符合设计要求。	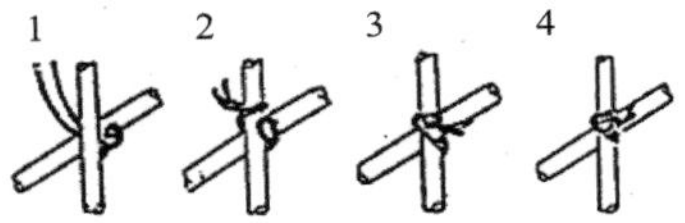 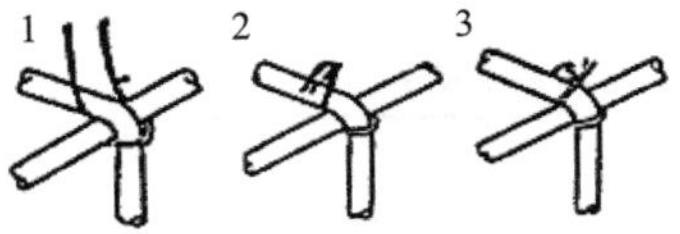 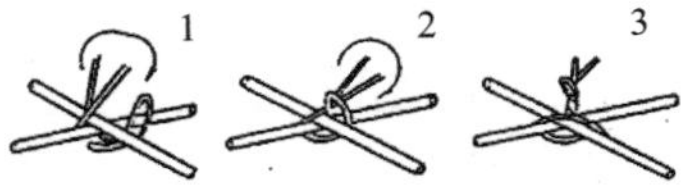 1 2 3 4 缠扣 1 2 3 套扣 1 2 3 顺扣  竖向起步筋  钢筋隐蔽验收	1. 开展施工作业面质量巡查工作。 2. 组织联合验收，做好预验收并向监理工程师报验。 3. 准备验收工具。 4. 填写及签署钢筋安装检验批质量验收记录。 5. 签署隐蔽验收记录	1. 按规范、图纸、施工方案组织施工。 2. 监控工序操作质量，监督自检、互检和交接检工作。 3. 组织机械连接现场复试取样工作，向监理工程师进行试验及检测见证申请。 4. 向质量部进行检验批报验。 5. 编制并签署现场验收检查原始记录、隐蔽验收记录。 6. 留存影像资料并及时归档	监督钢筋工程施工方案的实施，填写钢筋施工方案现场复核记录
				形成资料		
				钢筋安装检验批质量验收记录	1. 验收检查原始记录。 2. 隐蔽验收记录。 3. 施工日志	现场复核记录

续表

施工步骤	工艺流程	质量控制要点	具体要求内容
3 钢筋安装	钢筋绑扎	8. 当为环氧树脂涂层带肋钢筋时，表中数据应乘以 1.25。 9. 当纵向受拉钢筋在施工过程中易受扰动时，表中数据乘以 1.1。 10. 当锚固长度范围内纵向受力钢筋周边保护层厚度为 3*d*、5*d*（*d* 为锚固钢筋的直径）时，表中数据可分别乘以 0.8、0.7；中间时按内插值。 11. 当纵向受拉普通钢筋锚固长度修正系数多于一项时，可按连乘计算。 12. 受拉钢筋的锚固长度 l_a、l_{aE} 计算值不应小于 200。 13. 四级抗震时 $l_a=l_{aE}$。 14. 当锚固钢筋的保护层厚度不大于 5*d* 时，锚固钢筋长度范围内应设置横向构造钢筋，其直径不应小于 *d*/4（*d* 为锚固钢筋的最大直径）；对梁、柱等构件间距不应大于 5*d*，对板、墙等构件间距不应大于 10*d*，且均不应大于 100（*d* 为锚固钢筋的最小直径）。	受拉钢筋锚固长度 l_a：钢筋锚固长度是指受力钢筋通过混凝土与钢筋的粘结将所受的力传递给混凝土所需的长度，用来承载上部所受的荷载，常用长度见下表：（见下表）

钢筋种类	混凝土强度等级								
	C20	C25		C30		C35		C40	
	$d\leqslant25$	$d\leqslant25$	$d>25$	$d\leqslant25$	$d>25$	$d\leqslant25$	$d>25$	$d\leqslant25$	$d>25$
HPB300	39*d*	34*d*	—	30*d*	—	28*d*	—	25*d*	—
HRB400、HRBF400、RRB400	—	40*d*	44*d*	35*d*	39*d*	32*d*	35*d*	29*d*	32*d*
HRB500、HRBF500	—	48*d*	53*d*	43*d*	47*d*	39*d*	43*d*	36*d*	40*d*

钢筋种类	混凝土强度等级							
	C45		C50		C55		C60	
	$d\leqslant25$	$d>25$	$d\leqslant25$	$d>25$	$d\leqslant25$	$d>25$	$d\leqslant25$	$d>25$
HPB300	24*d*	—	23*d*	—	22*d*	—	21*d*	—
HRB400、HRBF400、RRB400	28*d*	31*d*	27*d*	30*d*	26*d*	29*d*	25*d*	28*d*
HRB500、HRBF500	34*d*	37*d*	32*d*	35*d*	31*d*	34*d*	30*d*	33*d*

续表

施工步骤	工艺流程	质量控制要点	具体要求内容
3 钢筋安装	钢筋绑扎		受拉钢筋抗震锚固长度 l_{aE}（见下表）

受拉钢筋抗震锚固长度 l_{aE}

钢筋种类		混凝土强度等级								
		C20	C25		C30		C35		C40	
		$d\leqslant25$	$d\leqslant25$	$d>25$	$d\leqslant25$	$d>25$	$d\leqslant25$	$d>25$	$d\leqslant25$	$d>25$
HPB300	一、二级	$45d$	$39d$	—	$35d$	—	$32d$	—	$29d$	—
	三级	$41d$	$36d$	—	$32d$	—	$29d$	—	$26d$	—
HRB400 HRBF400	一、二级	—	$46d$	$51d$	$40d$	$45d$	$37d$	$40d$	$33d$	$37d$
	三级	—	$42d$	$46d$	$37d$	$41d$	$34d$	$37d$	$30d$	$34d$
HRB500 HRBF500	一、二级	—	$55d$	$61d$	$49d$	$54d$	$45d$	$49d$	$41d$	$46d$
	三级	—	$50d$	$56d$	$45d$	$49d$	$41d$	$45d$	$38d$	$42d$

钢筋种类		混凝土强度等级							
		C45		C50		C55		≥C60	
		$d\leqslant25$	$d>25$	$d\leqslant25$	$d>25$	$d\leqslant25$	$d>25$	$d\leqslant25$	$d>25$
HPB300	一、二级	$28d$	—	$26d$	—	$25d$	—	$24d$	—
	三级	$25d$	—	$24d$	—	$23d$	—	$22d$	—
HRB400 HRBF400	一、二级	$32d$	$36d$	$31d$	$35d$	$30d$	$33d$	$29d$	$32d$
	三级	$29d$	$33d$	$28d$	$32d$	$27d$	$30d$	$26d$	$29d$
HRB500 HRBF500	一、二级	$39d$	$43d$	$37d$	$40d$	$36d$	$39d$	$35d$	$38d$
	三级	$36d$	$39d$	$34d$	$37d$	$33d$	$36d$	$32d$	$35d$

续表

<table>
<tr><th>施工步骤</th><th>工艺流程</th><th>质量控制要点</th><th>具体要求内容</th></tr>
<tr><td>3
钢筋安装</td><td>钢筋绑扎</td><td>15. 钢筋安装偏差及检验办法应符合相关表格的规定，受力钢筋保护层厚度的合格点率应达到90%及以上，且不得有超过表中数值1.5倍的尺寸偏差。
16. 检查数量：在同一检验批内，对梁、柱和独立基础，应抽查构件数量的10%，且不应少于3件；对墙和板，应按有代表性的自然间抽查10%，且不应少于3间；对大空间结构，墙可按相邻轴线间高度5m左右划分检查面，板可按纵、横轴线划分检查面，抽查10%，且均不应少于3面</td><td>见下表</td></tr>
</table>

钢筋安装允许偏差和检验办法

<table>
<tr><th>项次</th><th colspan="2">项目</th><th>允许偏差值（mm）</th><th>检查方法</th></tr>
<tr><td rowspan="2">1</td><td rowspan="2">绑扎钢筋网</td><td>长、宽</td><td>±10</td><td>尺量</td></tr>
<tr><td>网眼尺寸</td><td>±20</td><td>尺量连续三档，取最大偏差值</td></tr>
<tr><td rowspan="2">2</td><td rowspan="2">绑扎钢筋骨架</td><td>长</td><td>±10</td><td>尺量</td></tr>
<tr><td>宽、高</td><td>±5</td><td>尺量</td></tr>
<tr><td rowspan="3">3</td><td rowspan="3">纵向受力钢筋</td><td>锚固长度</td><td>−20</td><td>尺量</td></tr>
<tr><td>间距</td><td>±10</td><td rowspan="2">尺量两端、中间各一点，取最大偏差值</td></tr>
<tr><td>排距</td><td>±5</td></tr>
<tr><td rowspan="3">4</td><td rowspan="3">纵向受力钢筋、箍筋的混凝土保护层厚度</td><td>基础</td><td>±10</td><td>尺量</td></tr>
<tr><td>柱、梁</td><td>±5</td><td>尺量</td></tr>
<tr><td>板、墙、壳</td><td>±3</td><td>尺量</td></tr>
<tr><td>5</td><td colspan="2">绑扎箍筋、横向钢筋间距</td><td>±20</td><td>尺量连续三档，取最大偏差值</td></tr>
<tr><td>6</td><td colspan="2">钢筋弯起点位置</td><td>20</td><td>尺量</td></tr>
<tr><td rowspan="2">7</td><td rowspan="2">预埋件</td><td>中心线位置</td><td>5</td><td>尺量</td></tr>
<tr><td>水平高差</td><td>+3，0</td><td>塞尺量测</td></tr>
</table>

注：检查中心线位置时，沿纵、横两个方向量测，并取其中偏差的较大值。

续表

<table>
<tr><th>施工步骤</th><th>工艺流程</th><th>质量控制要点</th><th>具体要求内容</th></tr>
<tr><td>4
检查验收</td><td>实体检测</td><td>结构施工完成后，需要进行钢筋保护层厚度检查验收，推荐使用无损钢筋保护层厚度检测仪进行检测</td><td>
结构实体钢筋保护层厚度检验
<table>
<tr><th>序号</th><th>项目</th><th>要求</th></tr>
<tr><td>1</td><td>检查数量</td><td>1. 结构实体钢筋保护层厚度检验构件的选取应均匀分布，并应符合下列规定：
(1) 对非悬挑梁板类构件，应各抽取构件数量的2%且不少于5个构件进行检验。
(2) 对悬挑梁，应抽取构件数量的5%且不少于10个构件进行检验；当悬挑梁数量少于10个时，应全数检验。
(3) 对悬挑板，应抽取构件数量的10%且不少于20个构件进行检验；当悬挑数量少于20个时，应全数检验。
2. 对选定的梁类构件，应对全部纵向受力钢筋的保护层厚度进行检验；对选定的板类构件，应抽取不少于6根纵向受力钢筋的保护层进行检验。对每根钢筋，应选择有代表性的不同部位测3点取平均值</td></tr>
<tr><td>2</td><td>允许偏差</td><td>1. 钢筋保护层厚度的检验，可采用非破损或局部破损的方法，也可采用非破损方法并用局部破损方法进行校准。当采用非破损方法检验时，所使用的检测仪器应经过计量检验，检测操作应符合相应规程的规定。钢筋保护层厚度检验的检测误差不应大于1mm。
2. 钢筋保护层厚度检验时，纵向受力钢筋保护层厚度的允许偏差应符合下列规定：
<table>
<tr><th>构件类型</th><th>允许偏差（mm）</th></tr>
<tr><td>梁</td><td>+10，−7</td></tr>
<tr><td>板</td><td>+8，−5</td></tr>
</table></td></tr>
<tr><td>3</td><td>验收标准</td><td>1. 梁类、板类构件纵向受力钢筋的保护层厚度应分别进行验收，并应符合下列规定：
(1) 当全部钢筋保护层厚度检验的合格率为90%及以上时，可判为合格。
(2) 当全部钢筋保护层厚度检验的合格率小于90%但不小于80%时，可再抽取相同数量的构件进行检验；当按两次抽样总和计算的合格率为90%及以上时，仍可判为合格。
(3) 每次抽样检验结果中不合格的最大偏差均不应大于结构实体纵向受力钢筋保护层厚度的允许偏差的1.5倍。
2. 结构实体钢筋保护层厚度检测检查标准，对梁类、板类构件纵向受力钢筋的保护层厚度允许偏差，梁类构件为+10mm，−7mm；板类构件为+8mm，−5mm。
(1) 一次检测合格率达到100%时为一档，取100%的标准分值。
(2) 一次检测合格率达到90%及以上时为二档，取85%的标准分值。
(3) 一次检测合格率小于90%但不小于80%时，可再抽取相同数量的构件进行检测，当按两次抽样总和计算合格率为90%及以上时为三档，取70%的标准分值</td></tr>
</table></td></tr>
</table>

4. 推荐标准

钢筋原材存放推荐标准

基本要求：

1. 钢筋材料应按总平面布置分类码放，应采用工具式防护分隔出独立区域，机械连接套筒采用容器或袋装。
2. 进场钢筋材料要存放在干燥的硬化后的平整场地上，采取下垫上盖措施，避免积水浸泡、雨淋和阳光暴晒。
3. 钢筋原材应集中码放在钢筋架上，钢筋架可用工字钢焊接，间隔根据钢筋型号设置，确保钢筋不接触地面。
4. 钢筋架表面间隔 400mm 刷倾斜角度 45°红白警示色。
5. 钢筋堆场应具有良好的坡度和排水措施，不得积水，周围设置排水沟。
6. 进场机械连接套筒要存放在库房内，防潮防锈。
7. 材料标识牌采用镀锌铁板或铝塑板制作，宽×高为 450mm×300mm，蓝边、白底、黑字。
8. 标识牌支架采用方钢和槽钢焊接，材料标识清楚。

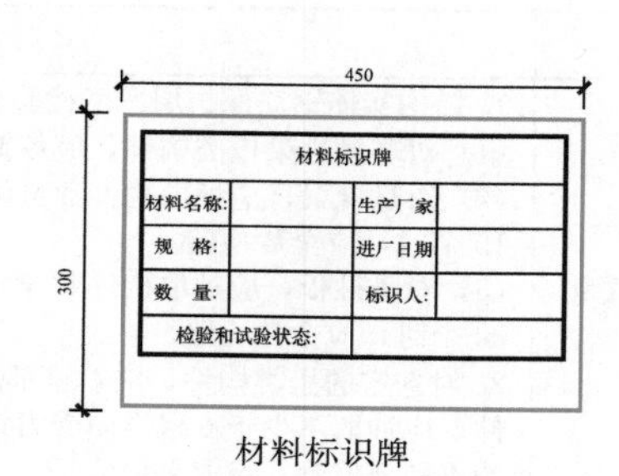

材料标识牌

钢筋原材堆放架示例

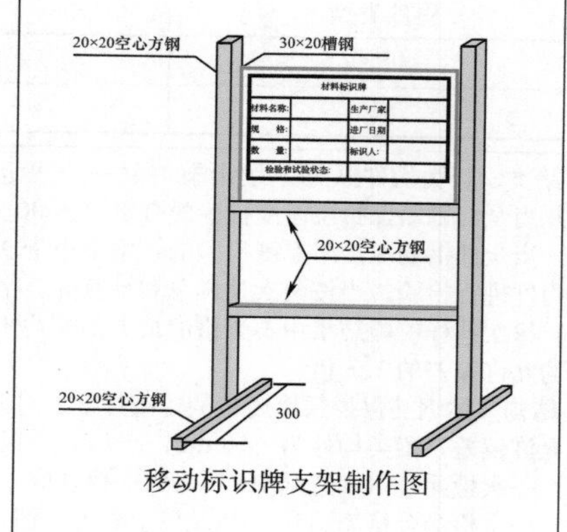

移动标识牌支架制作图

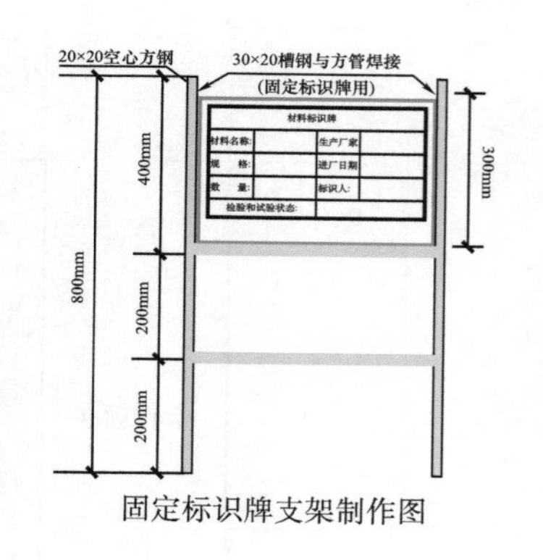

固定标识牌支架制作图

现场钢筋堆放架

续表

<table>
<tr><th colspan="3">钢筋半成品存放推荐标准</th></tr>
<tr><td rowspan="2">9. 钢筋半成品应分类码放，应采用工具式防护分隔出独立区域并标注出规格型号、检试验状态及使用部位。
10. 机械连接丝头端部切平，不得有裂纹、马蹄形等质量问题。
11. 机械连接丝头加工完成后，验收合格必须佩戴保护帽。
12. 钢筋半成品加工完成后，需经验收，合格后方可存放待用</td><td>
钢筋端部切除（机械连接丝头加工）</td><td>
机械连接丝头佩戴保护帽</td></tr>
<tr><td>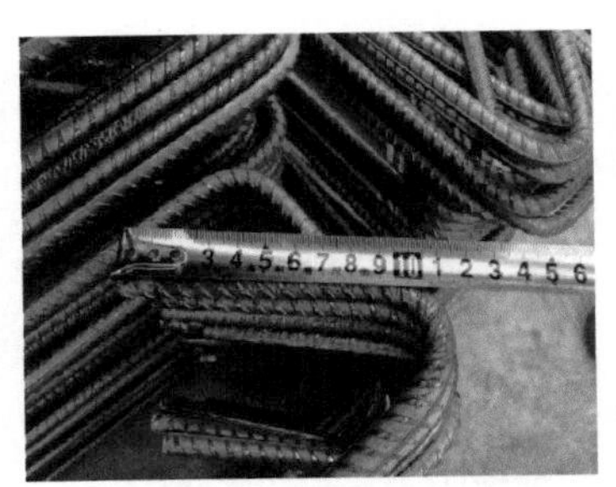
钢筋半成品验收</td><td>
钢筋半成品存放待用（标识）</td></tr>
</table>

续表

<table>
<tr><th colspan="3">钢筋定位措施推荐标准</th></tr>
<tr>
<td>墙体水平梯子筋：
1. 为了保证剪力墙垂直筋的间距，应采用水平定位梯子筋。
2. 水平梯子筋单独置放不占用原墙筋位置，属于可周转材料，安装高度一般高于混凝土浇筑完成面300mm，加工要求如图所示</td>
<td>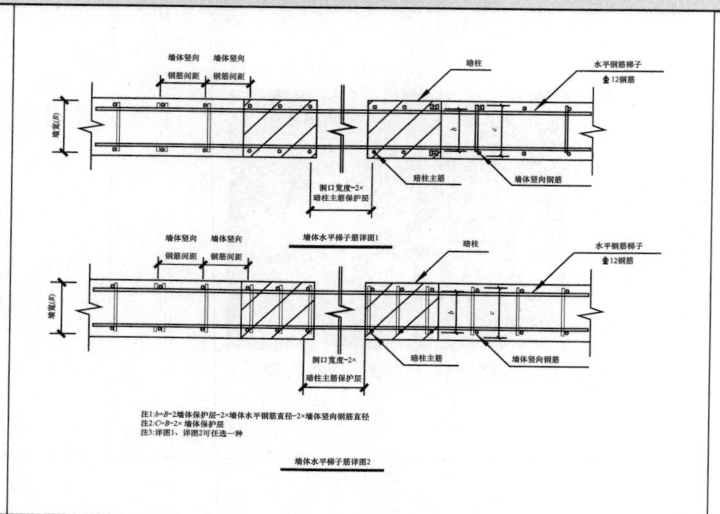
</td>
<td></td>
</tr>
<tr>
<td>墙体竖向梯子筋：
1. 在剪力墙钢筋绑扎的过程中，为了保证两片剪力墙钢筋网之间的距离、剪力墙钢筋的保护层及水平分布钢筋的间距，应采用竖向梯子筋。
2. 竖向梯子筋如单独置放不占用原墙筋位置，采用与墙筋同规格的钢筋制作；如替代原钢筋，应采用比墙筋高一规格的钢筋制作。
3. 每个竖向梯子筋上中下各设一道顶模筋，顶模筋的长度为墙厚减 2mm，端头需磨平并刷防锈漆。
4. 若墙高度大于 3m，每超过 1m 加设一道顶模筋；墙长度大于 5m，每超过 1.5m 加设一道竖向梯子筋</td>
<td>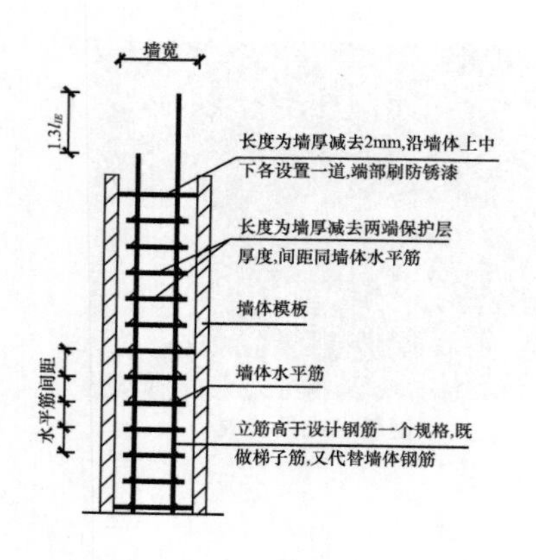
</td>
<td></td>
</tr>
</table>

续表

钢筋定位措施推荐标准		
柱筋定位箍： 1. 为了保证柱纵筋的分布位置及保护层厚度，应使用柱纵筋定位箍。 2. 柱钢筋定位箍应有足够的刚度，并符合钢筋保护层、钢筋排距、钢筋间距等具体尺寸要求。柱筋定位箍安装高度一般高于混凝土浇筑完成面 300mm，易于施工完成后拆除	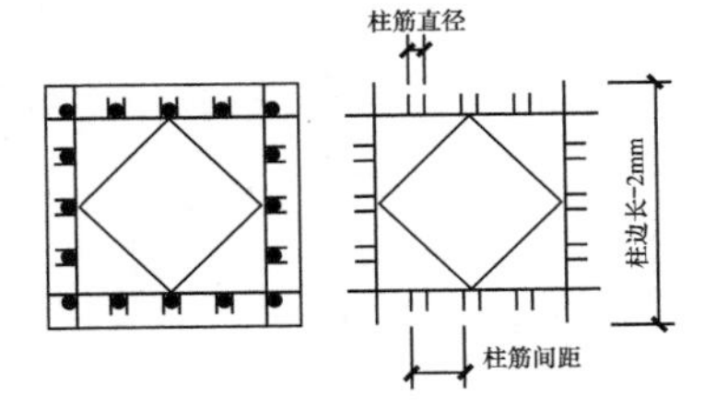	
暗柱定位箍： 1. 暗柱钢筋定位箍也属于柱筋定位箍的一种，加工、安装要求同柱筋定位箍； 为确保柱模定位准确，应在板面混凝土初凝前，在柱筋内侧四角位置各预埋一根短钢筋头，露出混凝土完成面 100mm。待进行上部柱筋绑扎前，将四根水平向顶模棍焊接固定在预埋钢筋头上，顶模棍长度等于柱截面尺寸−2mm。（钢模适用）	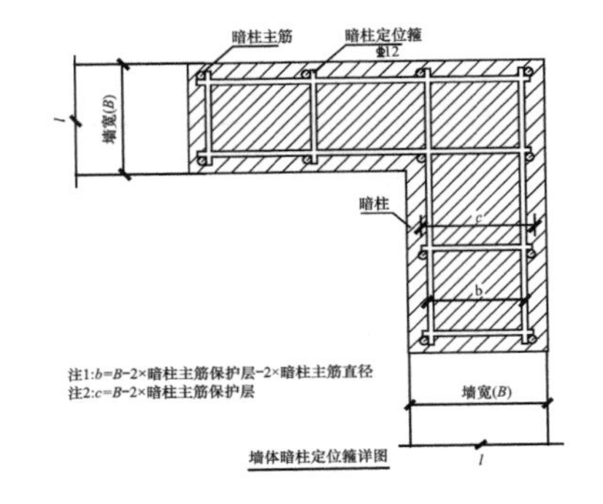	

续表

钢筋定位措施推荐标准				
2. 在板面混凝土初凝前，在柱筋内侧四角位置各预埋一根短钢筋头，露出混凝土完成面 100mm。待进行上部柱筋绑扎前，将四根水平向顶模棍焊接固定在预埋钢筋头上，木模板体系中，须在顶模棍端头垂直焊接 50mm 长短钢筋头，以增大顶模棍与模板的接触面积，顶模棍长度等于柱截面尺寸－2mm（木模适用）	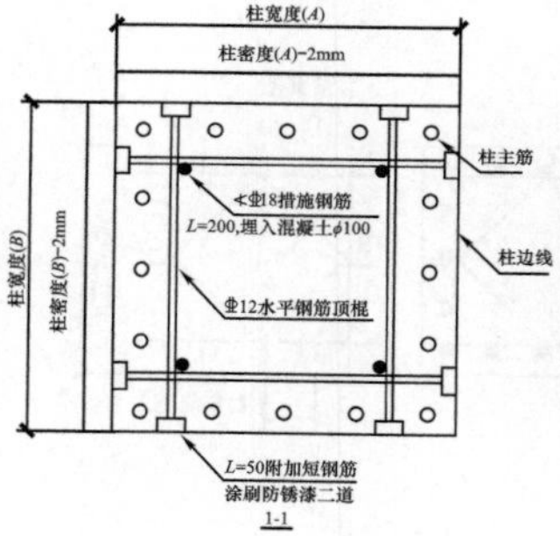 柱宽度(A) 柱密度(A)-2mm 柱主筋 ≮Φ18措施钢筋 L=200,埋入混凝土≥100 柱边线 Φ12水平钢筋顶棍 柱宽度(B) 柱密度(B)-2mm L=50附加短钢筋 涂刷防锈漆二道 1-1	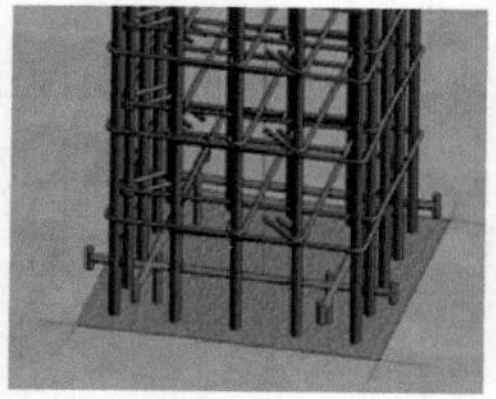	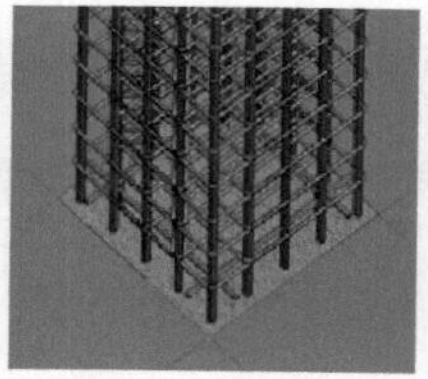	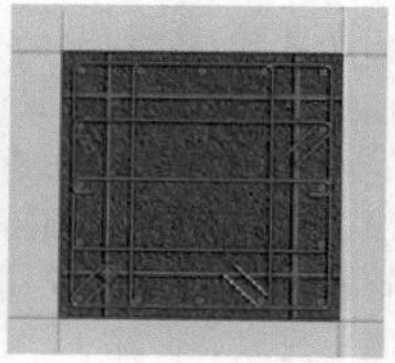
马凳钢筋： 为确保板上铁分布筋的空间位置和保护层厚度，马凳需具有足够的强度和刚度，通常马凳的规格比板受力筋小一个级别。马凳的形式多样，制作与安装规格、间距需要经过受力计算，根据现场不同使用部位决定。马凳高度 H＝板厚度－上下钢筋保护层厚度	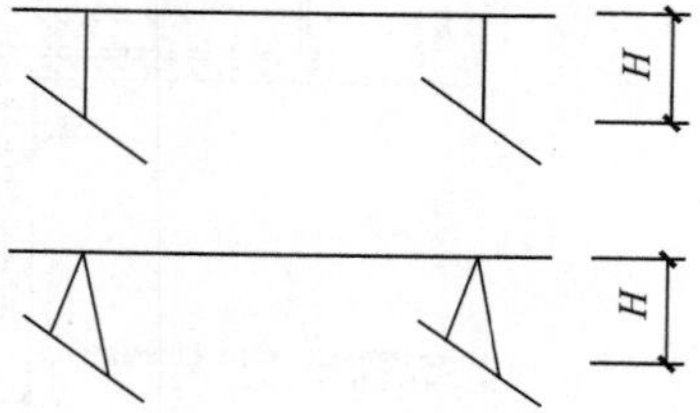 H H			

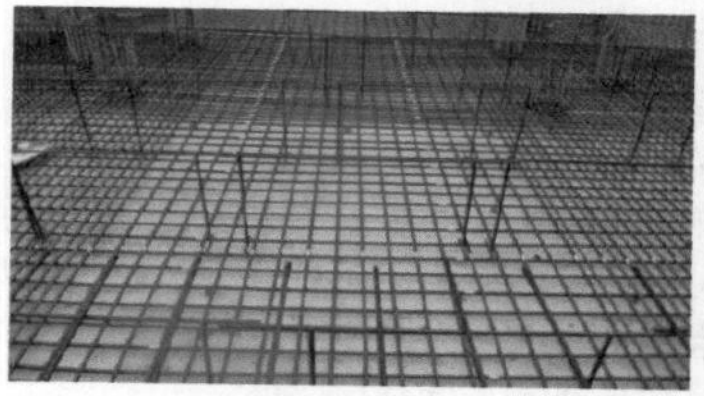

续表

钢筋定位措施推荐标准			
柱筋定位箍： （1）为了保证柱纵筋的分布位置及保护层厚度，应使用柱纵筋定位箍。 （2）柱钢筋定位箍应有足够的刚度，并符合钢筋保护层、钢筋排距、钢筋间距等具体尺寸要求。柱筋定位箍安装高度一般高于混凝土浇筑完成面 300mm，易于施工完成后拆除	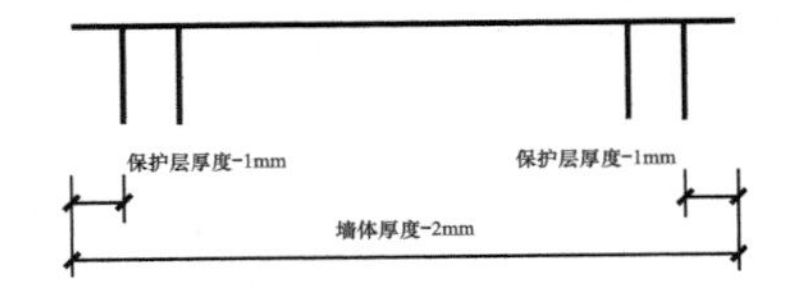		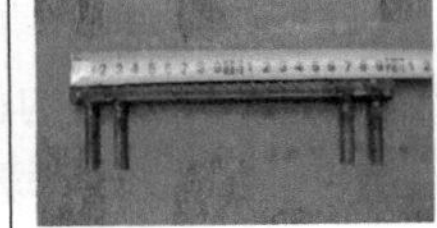
钢筋保护层： （1）为确保钢筋的保护层厚度准确，需在水平、竖向钢筋交接处绑扎固定预制垫块。预制垫块形式多样，施工现场通常使用的为塑料垫块与砂浆垫块，垫块材料需要有强度要求。 （2）垫块厚度受制于《混凝土结构设计标准》GB/T 50010—2010（2024 年版）一类和二 a 类环境条件下钢筋保护层最小厚度要求：墙、板为 15mm，梁为 25mm 及《混凝土结构工程施工质量验收规范》GB 50204—2015 纵向受力钢筋、箍筋的混凝土保护层厚度允许偏差要求柱、梁为±5mm，板、墙、壳为±3mm。布置间距一般为 600mm，梅花形布置			

二、模板工程

1. 施工准备

（1）技术准备

1）学习有关的规范、规程，进行专项的培训。

2）施工前认真查阅图纸（包括与建筑图对应情况）、方案、找出模板工程中特殊部位。针对楼板标高、墙体定位尺寸、楼板厚度、短墙、悬挑构件等，进行梁板配模时在变化范围内综合考虑。

3）在模板进场施工前，就方案、现场施工的各方面问题进行讨论、交底，保证模板工程能够顺利进行。

4）由总工程师组织技术工程师编制专项施工方案，经相关部门会审，审核合格由总工程师签字、项目经理审批后报监理单位。

5）技术方案应根据安装、使用和拆除工况进行设计，并应满足承载力、刚度和整体稳固性要求。应包含主要施工方法、质量控制要点、通病防治措施等内容。

6）超过一定规模的危险性较大的模板工程专项施工方案应进行专家论证。

7）技术部对项目部有关人员、分包技术人员进行方案交底；工程部对分包工长、班组长进行技术安全交底；分包工长对班组进行技术交底。

8）技术部负责结构施工阶段模板问题的收集和措施编制，根据现场实际问题及时做技术措施及方案措施的补充。

（2）材料准备

模板总量由技术部根据施工配置及周转情况进行计算，同时要求土建分包商进行测算，并与技术部共同确认材料量。工程部负责实际施工过程中根据具体情况向物资部报提料单，进行材料提取，事先需要通过技术部、商务部审核。

（3）机具准备

应按施工需求准备相应模板施工机具，如：多功能木工机、圆盘锯、手电钻、扳手、榔头、卷尺、水平尺等。

2. 工艺流程

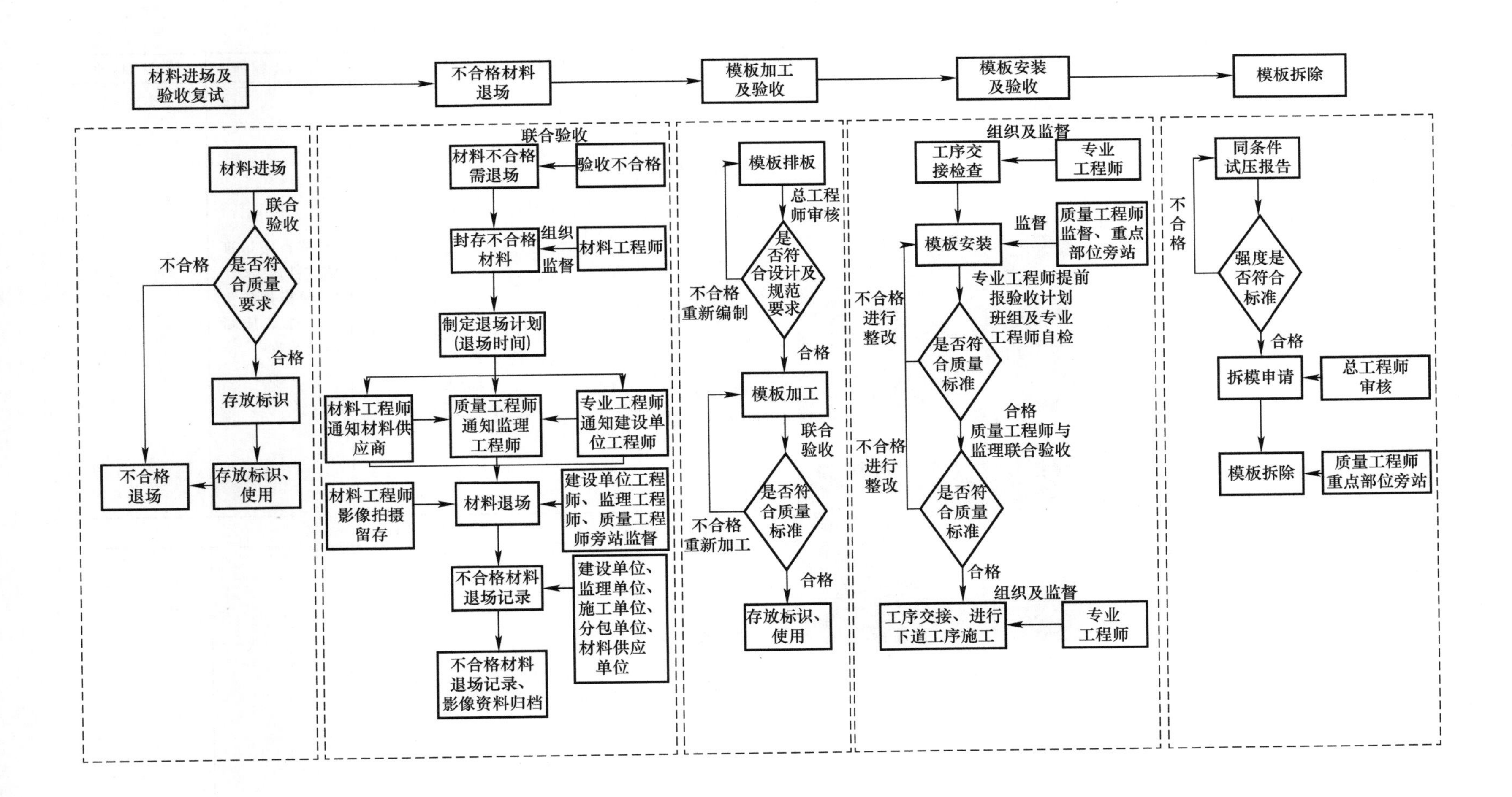
材料进场及验收复试
不合格材料退场
模板加工及验收
模板安装及验收
模板拆除
材料进场
联合验收
是否符合质量要求
不合格
合格
存放标识
存放标识、使用
不合格退场
联合验收
材料不合格需退场
验收不合格
封存不合格材料
组织
监督
材料工程师
制定退场计划(退场时间)
材料工程师通知材料供应商
质量工程师通知监理工程师
专业工程师通知建设单位工程师
材料工程师影像拍摄留存
材料退场
建设单位工程师、监理工程师、质量工程师旁站监督
不合格材料退场记录
建设单位、监理单位、施工单位、分包单位、材料供应单位
不合格材料退场记录、影像资料归档
模板排板
总工程师审核
是否符合设计及规范要求
不合格重新编制
合格
模板加工
联合验收
是否符合质量标准
不合格重新加工
合格
存放标识、使用
组织及监督
工序交接检查
专业工程师
模板安装
监督
质量工程师监督、重点部位旁站
专业工程师提前报验收计划
班组及专业工程师自检
是否符合质量标准
不合格进行整改
合格
质量工程师与监理联合验收
是否符合质量标准
不合格进行整改
合格
组织及监督
工序交接、进行下道工序施工
专业工程师
同条件试压报告
强度是否符合标准
不合格
合格
拆模申请
总工程师审核
模板拆除
质量工程师重点部位旁站

3. 标准化管理

施工步骤	工艺流程	质量控制要点	图示说明	组织人员工作	参与人员工作			
				材料工程师	质量工程师	专业工程师	技术工程师	试验工程师
1 材料进场	原材料验收	1. 文件检查：模板进场前应核对原材的质量证明资料（材料清单、产品质量证明书、出厂检验报告）。资料须注明模板进场时间、进场数量、经办人。 2. 外观检查：进场时每批模板进行全数外观检查，检查内容为模板应平直、无损伤，表面不得有裂纹、油污；模板板材表面应平整光滑，具有防水、耐磨、耐酸碱的保护膜，并应保温性良好、易脱模和可两面使用。 3. 尺寸检查：模板原材的厚度、长宽尺寸、翘曲度等检查。 4. 对于不合格品进行退场处理。 5. 原材料按照统一标准化的要求进行标识和存放	 卡尺检测 模板厚度检查  木方码放整齐	1. 收集并核查质量证明文件。 2. 准备游标卡尺、卷尺等验收工具。 3. 组织联合验收，做好进场验收台账。 4. 填写及签署材料、构配件进场检验记录	1. 核查质量证明文件。 2. 模板规格型号、外观质量检查验收。 3. 签署材料、构配件进场检验记录	1. 核查模板规格、型号等。 2. 模板规格型号、外观质量检查验收。 3. 检查模板厚度、长、宽、翘曲度	1. 核查质量证明文件。 2. 模板规格型号、外观质量检查验收	—
				形成资料				
				1. 进场验收台账。 2. 材料、构配件进场检验记录	材料、构配件进场检验记录	施工日志	—	—

续表

<table>
<tr><th>施工步骤</th><th>工艺流程</th><th>质量控制要点</th><th>具体要求内容</th></tr>
<tr><td>1
材料进场</td><td>原材料验收</td><td></td><td>
材料检验标准：
1. 多层板
(1) 模板尺寸应符合下表规定：
模板尺寸表
<table>
<tr><th colspan="4">截面尺寸（mm）</th><th rowspan="3">厚度（mm）</th></tr>
<tr><th colspan="2">模数制</th><th colspan="2">非模数制</th></tr>
<tr><th>宽度</th><th>长度</th><th>宽度</th><th>长度</th></tr>
<tr><td>—</td><td>—</td><td>915</td><td>1830</td><td rowspan="5">≥12～<15
≥15～<18
≥18～<24
≥21～<24</td></tr>
<tr><td>900</td><td>1800</td><td>1220</td><td>1830</td></tr>
<tr><td>1000</td><td>2000</td><td>915</td><td>2135</td></tr>
<tr><td>1200</td><td>2400</td><td>1220</td><td>2440</td></tr>
<tr><td>—</td><td>—</td><td>1250</td><td>2500</td></tr>
<tr><td colspan="2">质量要求：长度和宽度公差为 0，－3mm</td><td colspan="2">质量要求：长度和宽度公差为±2mm</td><td>详：板厚度允许偏差表</td></tr>
</table>
(2) 板厚度允许偏差应符合下表规定：
板厚度允许偏差
<table>
<tr><th>公称厚度（mm）</th><th>平均厚度与公称厚度间允许偏差（mm）</th><th>每张板内厚度最大允许偏差（mm）</th></tr>
<tr><td>≥12～<15</td><td>±0.5</td><td>0.8</td></tr>
<tr><td>≥15～<18</td><td>±0.6</td><td>1.0</td></tr>
<tr><td>≥18～<24</td><td>±0.7</td><td>1.2</td></tr>
<tr><td>≥21～<24</td><td>±0.8</td><td>1.4</td></tr>
</table>
(3) 板的垂直度不得超过 0.8mm/m。
(4) 板的四边边缘直度不得超过 1mm/m。
(5) 板的翘曲度 A 等品不得超过 0.5%，B 等品不得超过 1%。
(6) 检测方法
1) 厚度检测方法：在距板边 20mm 处，长短边分别测 3 点、1 点，取平均值；测点与平均值差为偏差。
2) 长、宽检测方法：用钢卷尺在距板边 100mm 处分别测量每张板长、宽各 2 点，取平均值。
3) 翘曲度检测方法：量对角线长度，并用楔形塞尺量钢直尺与板面间最大弦高，后者与前者的比值为翘曲度。
</td></tr>
</table>

续表

施工步骤	工艺流程	质量控制要点	具体要求内容
1 材料进场	原材料验收		2. 木方 木方的规格尺寸应符合下表的规定：（见下表“木方相关标准”） 3. 几字梁 几字梁的规格尺寸应符合下表的规定：（见下表“几字梁规格尺寸”）

2. 木方

木方的规格尺寸应符合下表的规定：

木方相关标准

型号（mm）	质量标准	示意图
35×85、40×90、50×10、50×50、100×100	整板无明显扭曲变形，1m长木方弯曲度不得超过5cm。 表面平整，锯开后板心质地紧密，无烂边、脱层、松层。 不允许出现断痕、透裂、金属杂物等现象	

3. 几字梁

几字梁的规格尺寸应符合下表的规定：

几字梁规格尺寸

规格型号		形状	截面尺寸（mm）				备注
			h	b	a	t	
C形	50		50	50	10	3.0	
	70		70	50	10	3.0	市场常用规格
	80		80	45	10	2.0	市场常用规格
	85		85	45	10	2.0	
	100		100	50	15	2.0	
	70		69	44	10	2.0	
几形	70		70	70（50）	12	2.0	
	80		80	64（44）	12	2.0	市场常用规格
	80		80	87（45）	21	2.0	
	100		100	100（52）	26	2.0	

注：当采用几字梁时，应综合考虑与几字梁同时使用的木方规格，两者截面尺寸应一致。

续表

施工步骤	工艺流程	质量控制要点	具体要求内容
1 材料进场	原材料验收		4. 钢管 (1) 应具有产品质量合格证、质量检验报告，钢管应符合《直缝电焊钢管》GB/T 13793—2016 或《低压流体输送用焊接钢管》GB/T 3091—2015 中 Q235-A 普通钢管的有关规定，其材质性能应符合《碳素结构钢》GB/T 700—2006 的有关规定。 (2) 材质使用力学性能适中的 Q235 钢，应符合《碳素结构钢》GB/T 700—2006 的相应规定。 (3) 钢管表面应平直光滑，不应有裂缝、结疤、分层、错位、硬弯、毛刺、压痕和深的划痕，严禁打孔。 (4) 应无锈蚀，若有锈蚀则其内外表面锈蚀深度之和不得大于 0.5mm。 5. 扣件 (1) 应使用与钢管管径相配合的、符合现行标准的可锻铸铁扣件，材质符合《钢管脚手架扣件》GB/T 15831—2023 规定。 (2) 严禁使用加工不合格、锈蚀和有裂纹的扣件，旧扣件使用前需进行质量检查，有裂缝、变形的严禁使用，出现滑丝的螺栓必须更换。 (3) 扣件在螺栓拧紧扭力矩达到 65N・m 时，不得发生破坏。   盘扣架 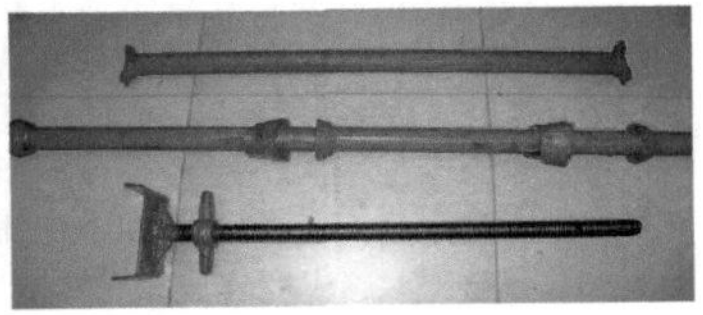　　碗扣架 6. U 托 (1) 插入顶杆上端，用作支撑架顶托，以支撑横梁等承载物。设在模板支架立杆顶部的可调底座或底托，其丝杆外径不得小于 36mm，伸出长度不得超过 300mm。 (2) 可调托撑支托板厚不应小于 5mm，承力面钢板长度和宽度不小于 150mm，挡板高度不小于 40mm。丝杆与螺母旋合长度不小于 5 扣，螺母厚度不小于 30mm。 (3) 严禁使用有裂缝的支托板、螺母  上托 　　下托

续表

施工步骤	工艺流程	质量控制要点	图示说明	组织人员工作	参与人员工作	
				专业工程师	质量工程师	技术工程师
2 模板安装	木模墙、柱模板安装	1. 弹好楼层的墙边线、柱边线、楼层标高线和模板控制线、门窗洞口位置线。 2. 柱根部 200mm 宽范围模板底部应严格找平。 3. 将已硬化混凝土表面及砂浆软弱层剔凿到露石子、清理干净水冲洗，不露明水。钢筋上有灰浆油污时应刷干净。 4. 模板表面清理干净，刷好隔离剂，涂刷均匀，不漏刷，不淌油。 5. 柱、墙钢筋绑扎完毕，水电管线及预埋件安装完毕，绑好钢筋保护层垫块，办好隐检手续。 6. 根据柱尺寸线，在柱钢筋上挂设保护层垫块。 7. 待四片柱模板就位组拼校正无误后，应自下而上安装柱箍。柱截面大时，可增加对拉螺栓。 8. 剪力墙加固时，对拉螺栓间距不大于 500mm。 9. 应采用斜撑或水平撑进行四周支撑，当高度超过 4m 时，应群体或成列连成整体。 10. 柱宽大于 500mm 时在同一标高上不得少于两道斜撑，地面夹角 45°～60°，下端应有防滑措施。 11. 角柱模板的支撑，除满足上款要求外，还应在里侧设置能承受拉、压力的斜撑。 12. 按位置线安装门窗洞口模板，应加设措施筋进行支撑和固定，洞口横顶棍每侧 4～5 处。 13. 门窗洞口模板与墙模板接合处应加垫海绵条。 14. 将预拼好模板就位，安装斜撑，安装套管和对拉螺栓。 15. 清理墙内杂物，安装另一侧模板，调整斜撑使模板垂直，拧紧对拉螺栓。 16. 检查模板拼缝及下口，调整墙体顶部水平梯子筋。	 结构控制线  混凝土保护层垫块  涂刷模板隔离剂	1. 监督模板安装质量并进行自检工作，形成自检记录。 2. 对墙、柱模板安装进行实测实量，并填写实测实量原始记录。 3. 报质量部进行检验批验收	1. 开展模板安装区质量日常巡检工作。 2. 对墙、柱模板安装实测实量结果进行抽查。 3. 组织联合验收，做好预验收并向监理工程师报验。 4. 核查原始自检记录并填写模板安装检验批质量验收记录	监督模板工程施工方案的实施，填写模板施工方案现场复核记录
				形成资料		
				1. 自检记录。 2. 实测实量原始记录。 3. 施工日志	检验批质量验收记录	现场复核记录

续表

<table>
<tr><th rowspan="2">施工步骤</th><th rowspan="2">工艺流程</th><th rowspan="2">质量控制要点</th><th rowspan="2">图示说明</th><th>组织人员工作</th><th colspan="2">参与人员工作</th></tr>
<tr><th>专业工程师</th><th>质量工程师</th><th>技术工程师</th></tr>
<tr><td rowspan="4">2
模板安装</td><td rowspan="4">木模梁模板安装</td><td rowspan="4">17. 拉线找直，按照设计要求起拱。
18. 模板上口用定型卡子固定。
19. 梁高超过 600mm 时，应加对拉螺栓加固。梁侧模板根部一定楔紧，防止胀模。
20. 校正梁中线、标高、断面尺寸，预留清扫口。
21. 不得在作业面进行模板加工，防止锯末灰聚集在梁底、墙根，造成后期混凝土夹渣、烂根等。
22. 梁高超过 600mm 时，应采取梁侧模后支设，为梁钢筋预留操作空间。
23. 调整立杆高度将主龙骨找平，按规定起拱，面板不得有悬挑。
24. 铺底模，保证拼缝严密，不漏浆。四周应加垫海绵条。
25. 用水平仪校正模板标高，用靠尺找平。
26. 模板支撑架自由端可在规范允许范围内适当加长，以保证 U 托外露长度满足要求。
27. 后浇带处的模板及支架应独立设置</td><td rowspan="4"> 侧模板支设 

模板次龙骨排布 

板模板支设</td><td>1. 监督模板安装质量并进行自检工作，形成自检记录。
2. 对模板安装进行实测实量，并填写实测实量原始记录。
3. 报质量部进行检验批验收</td><td>1. 开展模板安装区质量日常巡检工作。
2. 对模板安装实测实量结果进行抽查。
3. 组织联合验收，做好预验收并向监理工程师报验。
4. 核查原始自检记录并填写模板安装检验批质量验收记录</td><td>监督模板工程施工方案的实施，填写模板施工方案现场复核记录</td></tr>
<tr><td colspan="3">形成资料</td></tr>
<tr><td>1. 自检记录。
2. 实测实量原始记录。
3. 施工日志</td><td>检验批质量验收记录</td><td>现场复核记录</td></tr>
</table>

续表

施工步骤	工艺流程	质量控制要点	图示说明	组织人员工作	参与人员工作	
				专业工程师	质量工程师	技术工程师
2 模板安装	铝模墙模板安装	1. 安装墙柱铝模前，根据标高控制点检查墙柱位置楼板标高是否符合要求，尽量控制在5mm以内。 2. 在墙柱内设置定位措施筋及与墙柱厚的水泥内撑条或钢筋内撑条，保证墙柱截面尺寸。 3. 墙柱铝模拼装之前，隔离剂涂刷要薄而匀，不得漏刷。 4. 按试拼装图纸编号依次拼装好墙柱铝模，封闭柱铝模之前，需在墙柱模紧固螺杆上预先外套PVC管，同时要保证套管与墙两边模板面接触位置准确，以便浇筑后能取出对拉螺杆。 5. 为了拆除方便，墙柱模与内角模连接时销子的头部应尽可能地在内角模内部。墙柱铝模间连接销上的楔子要从上往下插，以免在混凝土浇筑时脱落。墙柱铝模端部及转角处连接采用螺栓连接，销楔连接容易在浇筑时脱落导致胀模。 6. 为防止墙柱铝模下口跑浆，浇混凝土前半天按要求堵好砂浆	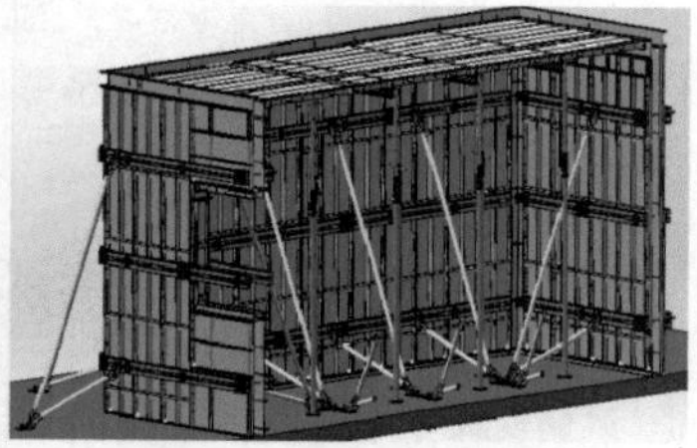 墙体模板斜撑支设示意  墙体模板安装检查  门洞下口背楞	1. 监督模板安装质量并进行自检工作，形成自检记录。 2. 对模板安装进行实测实量，并填写实测实量原始记录。 3. 报质量部进行检验批验收	1. 开展模板安装区质量日常巡检工作。 2. 对模板安装实测实量结果进行抽查。 3. 组织联合验收，做好预验收并向监理工程师报验。 4. 核查原始自检记录并填写模板安装检验批质量验收记录	监督模板工程施工方案的实施，填写模板施工方案现场复核记录
				形成资料		
				1. 自检记录。 2. 实测实量原始记录。 3. 施工日志	检验批质量验收记录	现场复核记录

续表

<table>
<tr><th rowspan="2">施工步骤</th><th rowspan="2">工艺流程</th><th rowspan="2">质量控制要点</th><th rowspan="2">图示说明</th><th>组织人员工作</th><th colspan="2">参与人员工作</th></tr>
<tr><th>专业工程师</th><th>质量工程师</th><th>技术工程师</th></tr>
<tr><td rowspan="3">2
模板安装</td><td rowspan="3">铝模梁、板模板安装</td><td rowspan="3">1. 按试拼装图编号依次拼装好梁底模，梁侧模，梁顶角模及墙顶角模，用支撑杆调节梁底标高，以便模板间的连接，梁底的支撑杆应垂直，无松动，防止胀模。
2. 安装完墙顶、梁顶角模后，安装面板支撑梁。
3. 按试拼装图编号从角部开始，依次拼装标准板模，直至铝模全部拼装完成。
4. 立杆底部必须有三角支撑。
5. 面板支撑梁底的支撑杆应垂直，无松动。
6. 长度超过规范时立柱上部应拉一根水平杆连接</td><td rowspan="3"> 顶板立杆垂直 
楼梯安装节点 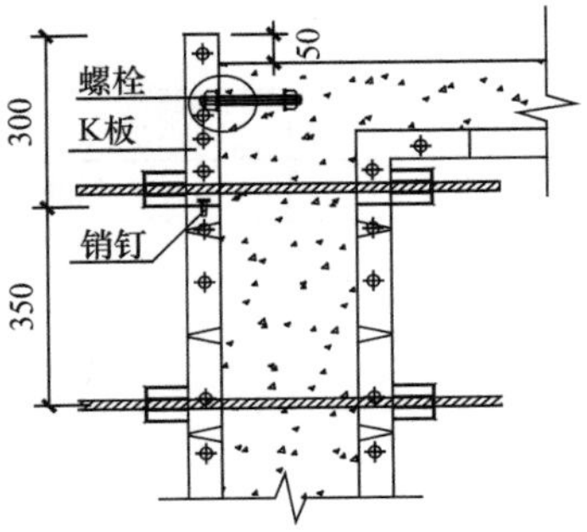
螺栓
K板
销钉
50
300
350
K 板安装节点</td><td>1. 监督模板安装质量并进行自检工作，形成自检记录。
2. 对模板安装进行实测实量，并填写实测实量原始记录。
3. 报质量部进行检验批验收</td><td>1. 开展模板安装区质量日常巡检工作。
2. 对模板安装实测实量结果进行抽查。
3. 组织联合验收，做好预验收并向监理工程师报验。
4. 核查原始自检记录并填写模板安装检验批质量验收记录</td><td>监督模板工程施工方案的实施，填写模板施工方案现场复核记录</td></tr>
<tr><td colspan="3">形成资料</td></tr>
<tr><td>1. 自检记录。
2. 实测实量原始记录。
3. 施工日志</td><td>检验批质量验收记录</td><td>现场复核记录</td></tr>
</table>

续表

<table>
<tr><th>施工步骤</th><th>工艺流程</th><th>质量控制要点</th><th>具体要求内容</th></tr>
<tr>
<td>2
模板安装</td>
<td>检查验收</td>
<td>1. 模板施工必须满足截面尺寸，加工门窗套使用木方作为次龙骨必须双面刨光，翘曲、变形的木方不得作为龙骨使用。
2. 木模板制作时，板面裁切部位应当先弹线后切割，保证尺寸准确，角度到位，面板拼缝应严密、面层平整，节点、背楞设置符合模板设计要求，模板组装时，面板拼缝处背面要加次龙骨，以防止漏浆。
3. 涂刷水性隔离剂：涂刷前，必须对板面进行全面清理，隔离剂涂刷要薄而均匀，不得积存隔离剂，涂刷时不得散落在建筑物、机具和钢筋上。所选用隔离剂不得影响后期装饰施工。
4. 安装上层模板及支架时，下层楼板应具有承受上层荷载的承载能力。
5. 模板的接缝不应漏浆，严禁采用粘贴塑料胶带的做法。
6. 混凝土浇筑前，模板内的杂物应清理干净（留清扫口）。
7. 跨度≥4m 的结构梁、板，模板应按设计要求起拱，一般起拱高度为1‰～3‰</td>
<td>
模板安装允许偏差
<table>
<tr><th colspan="2">项目</th><th>允许偏差（mm）</th></tr>
<tr><td colspan="2">轴线位置</td><td>5</td></tr>
<tr><td colspan="2">底模上表面标高</td><td>±5</td></tr>
<tr><td rowspan="2">截面内部尺寸</td><td>基础</td><td>±10</td></tr>
<tr><td>柱、墙、梁</td><td>±5</td></tr>
<tr><td rowspan="2">层高垂直度</td><td>≤6m</td><td>8</td></tr>
<tr><td>>6m</td><td>10</td></tr>
<tr><td colspan="2">相邻两板表面高低差</td><td>2</td></tr>
<tr><td colspan="2">表面平整度</td><td>−5/2m</td></tr>
</table>
木模板加工拼装精度要求
<table>
<tr><th>序号</th><th>项目</th><th>允许偏差（mm）</th></tr>
<tr><td>1</td><td>两块模板之间拼缝</td><td>≤1.0</td></tr>
<tr><td>2</td><td>相邻模板之间高低差</td><td>2</td></tr>
<tr><td>3</td><td>模板平整度</td><td>2</td></tr>
<tr><td>4</td><td>模板平面尺寸偏差</td><td>+2，−5</td></tr>
<tr><td>5</td><td>对角偏差</td><td>≤5.0（≤对角线长边的1/1000）</td></tr>
</table>
</td>
</tr>
</table>

续表

<table>
<tr><th rowspan="2">施工步骤</th><th rowspan="2">工艺流程</th><th rowspan="2">质量控制要点</th><th rowspan="2">图示说明</th><th>组织人员工作</th><th colspan="2">参与人员工作</th></tr>
<tr><th>专业工程师</th><th>质量工程师，试验工程师</th><th>技术工程师</th></tr>
<tr><td rowspan="3">3
模板拆除</td><td rowspan="3">模板拆除</td><td rowspan="3">1. 模板的拆除措施应经技术主管部门或负责人批准。
2. 墙、柱需保证不缺棱掉角后方准拆模，一般在混凝土强度达到 1.2MPa 后拆除。
3. 拆模的顺序和方法应按施工方案的规定进行，当无规定时，可采取先支的后拆、后支的先拆、先拆非承重模板、后拆承重模板，并应从上而下进行拆除</td><td rowspan="3">底模及其支架拆除时的混凝土强度应符合下表规定：
<table><tr><th>结构类型</th><th>结构跨度</th><th>达到设计的混凝土立方体抗压强度标准值的百分率</th></tr><tr><td rowspan="3">板</td><td>≤2</td><td>≥50%</td></tr><tr><td>>2，≤8</td><td>≥75%</td></tr><tr><td>>8</td><td>≥100%</td></tr><tr><td rowspan="2">梁、柱、壳</td><td>≤8</td><td>≥75%</td></tr><tr><td>>8</td><td>≥100%</td></tr><tr><td>悬臂构件</td><td></td><td>≥100%</td></tr></table>
混凝土拆模申请
<table><tr><td>[illegible]</td><td colspan="3"></td></tr><tr><td>[illegible]</td><td colspan="3"></td></tr><tr><td>[illegible]</td><td colspan="3"></td></tr><tr><td>[illegible]</td><td>2012-7-[illegible]</td><td>[illegible]</td><td>2012-7-[illegible]</td></tr><tr><td>[illegible]</td><td>C30</td><td>[illegible]</td><td>[illegible]</td></tr><tr><td>[illegible]</td><td>[illegible]</td><td>[illegible]</td><td>[illegible]</td></tr><tr><td>[illegible]</td><td colspan="3">[illegible]</td></tr><tr><td>[illegible]</td><td colspan="3">[illegible]</td></tr></table>
拆模申请</td><td>1. 监督相应区域混凝土养护工作情况，形成混凝土养护记录。
2. 对模板拟拆除区域进行检查。
3. 报试验工程师进行试块送检等检测工作。
4. 具备拆模条件填写拆模申请</td><td>1. 开展拟拆模区域质量日常巡检工作。
2. 对拟拆模区域进行检测试验工作。
3. 检测合格，具备拆模条件后，形成拆模报告</td><td>监督审核相应区域是否具备模板拆除条件</td></tr>
<tr><td colspan="3">形成资料</td></tr>
<tr><td>1. 混凝土养护记录。
2. 拆模申请。
3. 施工日志</td><td>拆模报告</td><td>拆模报告</td></tr>
</table>

4. 推荐标准

模板材料存放推荐标准	
木模板材料基本要求： 1. 木模板、木方龙骨、钢包木龙骨等原材进场后，应当成捆码放整齐，要平放在干燥的硬化后的平整场地上，下部垫起，保证距离地面 50～100mm，避免下部积水浸泡。上面应当用防雨材料覆盖，避免雨淋和阳光暴晒。 2. 模板结构或构件的木材应当选择质量好的材料，不得使用有腐朽、霉变、虫蛀、折裂、枯竭的木材。 3. 当需要对模板结构或构件木材的强度进行测试检验时，应按《木结构设计标准》GB 50005—2017 的检验标准进行。 4. 施工现场木构件，其木材含水率应符合下列规定： (1) 板材、规格材和工厂加工的方木不应大于 19%； (2) 方木、原木受拉构件的连接板不应大于 18%； (3) 作为连接件，不应大于 15%； (4) 胶合木层板和正交胶合木层板应为 8%～15%，且同一构件各层木板间的含水率差别不应大于 5%。 铝模板材料基本要求： 1. 模板卸下后必须按规格及尺寸堆放。把模板分成 25 个一堆，堆放在货架或托板上，组装时荷载不能集中堆放。 2. 模板应按照编号堆放排列整齐，以便于辨别。 3. 模板叠放时必须保证底部第一块模板板面朝上。 4. 所有的销子、楔子、墙模连接件等构配件以及特殊工具应妥当地储存起来，在需要使用时再分发下去。 5. 以装箱单为依据检查构件，确保构件全部到位	 

续表

模板安装推荐标准		
门窗洞口模板： 1. 门窗洞口护角宽度为墙厚－2mm，内外护角夹住门窗洞口侧模，利用山形螺母上紧并加固，形成外护角与门窗洞口木模板为子母扣搭接。 2. 门窗洞口及超过1500mm宽洞口采用18mm厚模板和50mm×100mm木方，阴角处用⎿140mm×140mm×10mm的角钢与木模固定，内侧用⎿100mm×100mm×10mm角钢，通过ϕ16螺杆与外角钢固定。 3. 超过1500mm宽门窗洞口模板侧面钻ϕ15排气孔。 4. 在洞口四周的墙筋上增设附加筋，在附加筋上点焊钢支撑，用钢支撑顶住洞口模板，并且洞口模板设置斜撑，以防止洞口模板的偏移。 5. 模板侧面加贴海绵条防止漏浆。 6. 浇筑混凝土时从窗两侧同时浇筑，避免窗模偏位		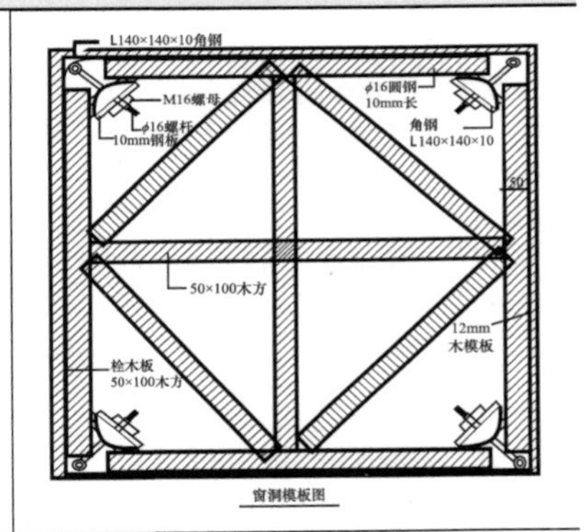 窗洞模板图
梁柱核心区模板： 1. 梁柱节点处模板配置同相应梁、柱模板。 2. 在柱与梁相交位置，有梁一侧梁柱节点模板上开口，开口宽度为梁宽＋2倍多层板厚，开口高度为梁高－顶板厚。 3. 支模时，梁柱节点模板梁模板（将梁的侧模及梁底模模板伸入梁柱节点模板预留开口处）接缝粘贴海绵条。 4. 若主次梁存在高差，应单独设置木方加多层板进行调节。 5. 柱头处加工在阴角定型模板，加设固定木方，用钢管短支撑将定型柱头模板顶紧		
混凝土拦截： 1. 墙体竖向施工缝、梁、较厚的板可采用绑扎快易收口网做模板。 2. 混凝土接茬部位不用剔凿处理（快易收口网使用要求），可直接进行下一段混凝土施工。 3. 顶板施工缝根据留设位置采用多层板制作梳子板做模板，即将多层板或竹胶板上遇钢筋处割出豁口，再用小木条保证钢筋的保护层。 4. 后浇带模板应根据后浇带的企口形式以及厚度制作梳子板并用木方龙骨和钢管进行支撑		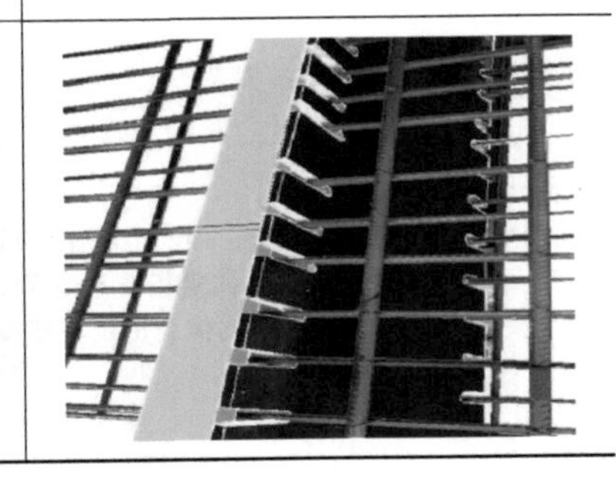

续表

模板安装推荐标准		
层间模板： 应用部位：结构施工阶段，剪力墙上下层间采用此方式加固。 作用：防止楼梯间、外墙产生错台、漏浆，减少因错台造成的修补、剔凿，减少抹灰厚度。 梁夹具： 应用部位：结构施工阶段，小尺寸结构梁经过验算受力后可采用此工具加固。 作用：提高小尺寸梁截面成型质量，减少二次剔凿和返工，提升质量观感		
方柱扣，紧固件： 应用部位：结构施工阶段，采用模板木方工艺的框架结构矩形柱加固。 作用：加固形式方便可靠，可加快模板安装加固进度，缩短施工周期，同时显著提高矩形柱成型质量，可基本做到“零漏浆”，提升混凝土结构成型质量及观感质量		
成品降板模板： 应用部位：结构施工阶段，楼梯间，卫生间厨房等存在降板吊模部位。 作用：采用成品钢材制作而成，可周转使用，有效提升降板吊模位置成型质量、观感质量，提质增效		
承插式楼梯模板： 应用部位：结构施工阶段，现浇混凝土结构楼梯模板支设。 作用：用于现浇混凝土楼梯模板支设加固，有效提升现浇混凝土楼梯踏步均匀度，踏步高宽度等质量，提高实体质量及观感质量	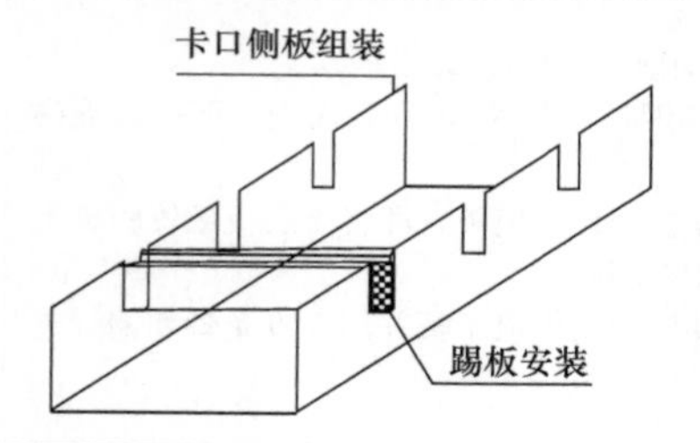	

三、混凝土工程

1. 施工准备

(1) 技术准备

1) 由总工程师组织技术工程师编制专项施工方案，经相关部门会审，审核合格由总工程师签字、项目经理审批后报监理单位。

2) 技术方案应根据工程实际情况进行编制，应包含总体施工部署、施工人员、机具准备，主要施工方法、质量控制要点、通病防治措施等内容。

3) 技术部对项目部有关人员、分包技术人员进行方案交底；工程部对分包工长、班组长进行技术安全交底；分包工长对班组进行技术交底。

4) 混凝土浇筑前，必须仔细查看图纸，核对浇筑部位、浇筑方法、浇筑路线、相关的质量要求、安全要求等，待相关工序验收合格后填写《混凝土浇灌申请书》，并落实浇筑人员，正确分工，责任到人。

(2) 材料准备

1) 项目根据物资采购计划，选择多家合格分供方，通过对其材料、规格、性能、服务及价格等多方面考察或试验后，确定长期稳定的分供方，签订《预拌混凝土技术质量协议》并严格按照物资采购程序进行，以保证进场材料的质量。

2) 由工程部根据现场进度填报混凝土浇筑令，经审批后提交商品混凝土站。

(3) 现场准备

1) 检查模板的轴线位置、截面尺寸、标高、垂直度、支撑的牢固程度及模板拼缝的严密程度，确保模板内的杂物和钢筋上的油污已经清理干净，对钢筋保护层、预埋件和预留洞进行检查，做好模板和钢筋的验收工作。

2) 混凝土浇筑前应按要求铺设好泵管路线，检查泵管接头是否密封，保证在泵送过程中不漏浆。

3) 检查用电线路，确保施工正常用电以及夜间施工照明。

(4) 机具准备

1) 混凝土浇筑机具

应按施工需求准备相应混凝土施工机具，如：混凝土地泵、混凝土布料机、混凝土振捣棒、平板振动器等；其他辅助工具：尖锹、平锹、混凝土吊斗、木抹子、铝合金长刮杠、小推车等。

2) 混凝土试块养护设备

应准备满足试块标准养护条件（温度 20±2℃，湿度>95%）的标养室。设备主要包括高低温度计、干湿度计、温湿度控制仪、养护箱、水源等，以及混凝土试模、砂浆试模、抗渗试模、混凝土振动台、混凝土测温仪、坍落度筒、天平等试验设备。

2. 工艺流程

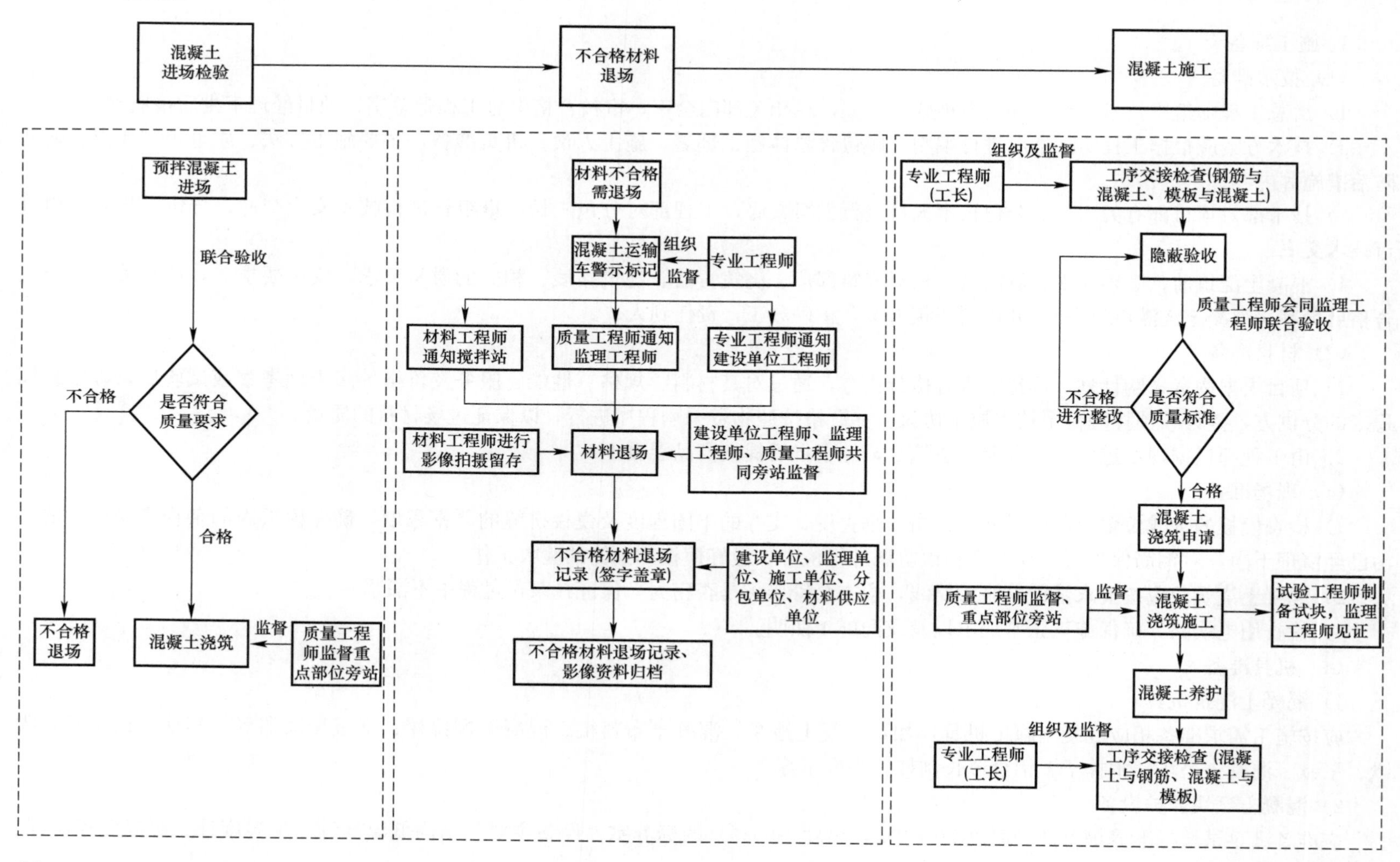

3. 标准化管理

施工步骤	工艺流程	质量控制要点	图示说明	组织人员工作	参与人员工作		
				专业工程师	质量工程师	技术工程师	试验工程师
1 材料进场	混凝土进场检验	1. 质量证明文件（配合比通知单、碱含量氯离子计算书、原材试验报告、最大水胶比、最小胶凝材料用量、最小水泥用量、混凝土开盘鉴定、质量合格证等）、混凝土运输小票、浇筑部位及混凝土强度等核查。 2. 坍落度、和易性检查。 3. 粗骨料直径检查（根据情况选做）	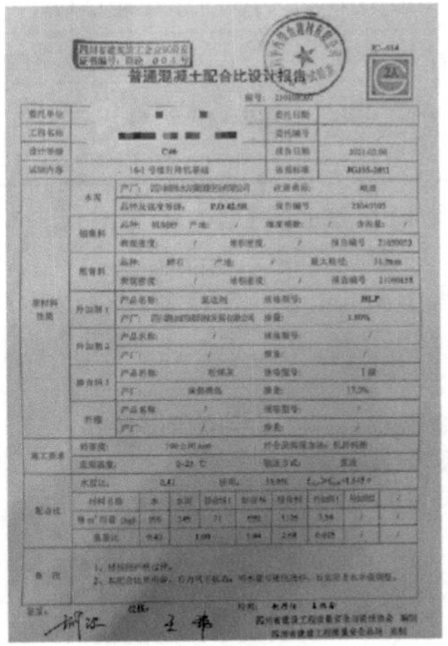 质量证明文件  坍落度检查	1. 收集并核查质量证明文件。 2. 核查预拌混凝土强度等级、原材用量（水泥）等。 3. 填写及签署现场验收检查原始记录、混凝土拌合物检验批质量验收记录。 4. 向监理工程师申请预拌混凝土进场验收	1. 核查质量证明文件。 2. 预拌混凝土强度等级、原材用量（水泥）等检查验收。 3. 监督进行预拌混凝土坍落度、和易性检查。 4. 签署现场验收检查原始记录、混凝土拌合物检验批质量验收记录	1. 检查质量证明文件。 2. 预拌混凝土强度等级、原材用量（水泥）等检查。 3. 监督混凝土施工方案的实施，编制混凝土施工方案现场复核记录	1. 准备坍落度筒等检查工具。 2. 根据预拌混凝土试验检测标准进行坍落度、和易性检查。 3. 建立现场检测台账。 4. 检测记录的收集整理和抄送相关人员
				形成资料			
				1. 现场验收检查原始记录。 2. 施工日志	混凝土拌合物检验批质量验收记录	施工方案现场复核记录	1. 留存质量证明文件。 2. 坍落度检测记录

续表

<table>
<tr><th>施工步骤</th><th>工艺流程</th><th>质量控制要点</th><th>图示说明</th><th>组织人员工作</th></tr>
<tr>
<td>1
材料进场</td>
<td>混凝土试块制作</td>
<td>1. 试件的尺寸
<table>
<tr><th>试验项目</th><th>标准试件（mm）</th><th>非标准试件（mm）</th></tr>
<tr><td>抗压强度和劈裂抗拉强度</td><td>边长 150 的立方体</td><td>边长 100 和 200 的立方体</td></tr>
<tr><td>轴心抗压强度和静力受压弹性模量</td><td>150×150×300</td><td>100×100×300 和 200×200×400</td></tr>
<tr><td>抗折强度</td><td>150×150×600</td><td>100×100×400</td></tr>
<tr><td colspan="3">骨料最大粒径与试件选用尺寸：≤31.5mm－100mm×100mm×100mm；≤40mm－150mm×150mm×150mm；≤63mm－200mm×200mm×200mm</td></tr>
</table>
2. 成型前，试模内表面应涂一薄层矿物油或其他不与混凝土发生反应的隔离剂。
3. 取样或试验室拌制的混凝土应在拌制后尽短的时间内成型，一般不宜超过 15min。
4. 根据混凝土拌合物的稠度确定混凝土成型方法，坍落度不大于 70mm 的混凝土宜用振动振实；大于 70mm 的宜用振捣棒人工捣实。
5. 试件标注
 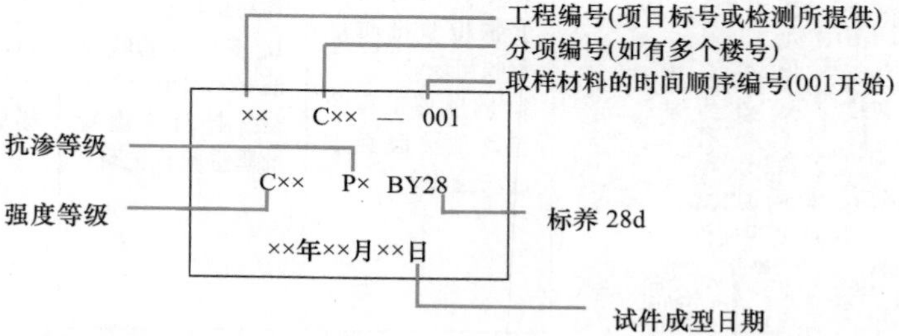
工程编号(项目标号或检测所提供)
分项编号(如有多个楼号)
取样材料的时间顺序编号(001开始)
×× C×× — 001
抗渗等级
C×× P× BY28
强度等级
标养 28d
××年××月××日
试件成型日期
6. 试件成型后立即用不透水的薄膜覆盖表面。
7. 采用标准养护的试件，应在 20±5℃、相对湿度不小于 50%的环境中静置一昼夜至两昼夜，然后编号、拆模。
8. 拆模后应立即放入温度为 20±2℃，相对湿度为 95%以上的标准养护室或养护箱中养护。
9. 标准养护室内的试件应放在支架上，彼此间隔 10～20mm，试件表面应保持湿润，并不得被水直接冲刷。
10. 同条件养护试件的拆模时间可与实际构件的拆模时间相同，拆模后，试件仍需保持与现场同等条件养护。
11. 标准养护龄期为 28d</td>
<td>试块标识及码放

同条件试块</td>
<td>试验工程师

制作标养试块及同条件试块并放置于指定位置

形成资料

1. 试验台账。
2. 温湿度记录。
3. 试验报告</td>
</tr>
</table>

续表

<table>
<tr><th rowspan="2">施工步骤</th><th rowspan="2">工艺流程</th><th rowspan="2">质量控制要点</th><th rowspan="2">图示说明</th><th>组织人员工作</th><th colspan="3">参与人员工作</th></tr>
<tr><th>专业工程师</th><th>质量工程师</th><th>技术工程师</th><th>试验工程师</th></tr>
<tr><td rowspan="3">2
混凝土浇筑</td><td>混凝土输送</td><td>1. 混凝土输送泵管直径选择。
2. 泵送措施（隔热、保温、防离析等）。
3. 润泵措施</td><td rowspan="6">

输送泵防范高空坠物措施

布料机支腿下方铺设木板或金属板

快插慢拔振捣密实

混凝土养护</td><td rowspan="4">1. 按规范、图纸、施工方案组织施工。
2. 监控工序操作质量，监督自检、互检和交接检工作。
3. 向项目质检部门进行检验批报验。
4. 组织隐蔽验收。
5. 落实混凝土浇筑过程中的板厚实测控制措施、模板加固措施、养护措施、保护措施。
6. 编制并签署现场验收检查原始记录、隐蔽验收记录、混凝土浇筑申请、测温记录、养护记录、混凝土施工检验批质量验收记录等资料。
7. 拍摄照片、录像资料，并及时归档</td><td rowspan="4">1. 开展施工作业面质量巡查工作。
2. 组织联合验收，做好预验收并向监理工程师报验。
3. 准备卷尺等验收工具。
4. 重点部位进行旁站，参与验收。
5. 监督混凝土养护及成品保护措施落实情况。
6. 填写混凝土施工检验批质量验收记录</td><td rowspan="4">1. 监督混凝土施工方案的实施，编制混凝土施工方案现场复核记录。
2. 签署现场验收检查原始记录等资料</td><td rowspan="4">1. 根据预拌混凝土施工取样标准指导现场取样。
2. 留置并保护混凝土试块。
3. 填写及签署见证记录。
4. 建立检验试验台账。
5. 试验记录及报告的收集整理和抄送相关人员</td></tr>
<tr><td>混凝土浇筑</td><td>1. 隐蔽验收完成（钢筋安装及连接、模板安装、预留预埋安装等）。
2. 混凝土浇筑申请。
3. 钢筋保护层。
4. 出罐、入模温度。
5. 模板清理、洒水湿润、变形及密封性。
6. 浇筑方式（分层且连续浇筑、先竖向后水平、浇筑顺序、浇筑间隔等）。
7. 不同强度等级混凝土浇筑措施。
8. 特种混凝土浇筑措施。
9. 收面时间及措施。
10. 浇筑过程混凝土控制（连续供应、禁止加水、遗撒禁止使用等）</td></tr>
<tr><td>混凝土振捣</td><td>1. 振捣机械的选择。
2. 不同振捣机械振捣措施控制（振动棒、平板振动器、附着振动器等使用方法）。
3. 特殊部位振捣措施（预留洞口两侧及底部、钢筋密集区、预留预埋件部位、后浇带及施工缝部位等）</td></tr>
<tr><td rowspan="3">3
混凝土养护</td><td rowspan="3">混凝土养护</td><td rowspan="3">1. 养护时间及方式。
2. 混凝土未达到 1.2MPa 时，不得在混凝土表面进行任何操作。
3. 同条件试块养护条件与结构实体养护条件相同，并放置在现场（防丢失措施）。
4. 高温或低温环境条件下应根据混凝土构件的里表温差、表外温差采取适当的养护方式。
5. 夏季高温环境下应对竖向构件拆模后进行浇水养护或保湿养护。
6. 冬施期间禁止洒水养护</td></tr>
<tr><td colspan="4">形成记录</td></tr>
<tr><td>1. 隐蔽验收记录。
2. 混凝土浇筑申请。
3. 测温记录。
4. 养护记录。
5. 拆模申请。
6. 地下工程渗漏水检测记录。
7. 施工日志</td><td>1. 检验批质量验收记录。
2. 旁站记录</td><td>1. 施工方案现场复核记录。
2. 砂浆强度检验评定记录。
3. 混凝土强度检验评定记录</td><td>1. 检验试验台账。
2. 试验报告。
3. 600℃ · d 实体检验温度记录。
4. 600℃ · d 等效龄期计算表</td></tr>
</table>

续表

施工步骤	检查项目	检测要求	检测工具	图示
4 混凝土外观检查	截面尺寸偏差	以钢卷尺测量同一面墙/柱截面尺寸，精确至毫米（mm）。 同一墙/柱面作为 1 个实测区，累计实测实量 20 个实测区。每个实测区从地面向上 300mm 和 1500mm 各测量截面尺寸 1 次，选取其中与设计尺寸偏差最大的数，作为判断该实测指标合格率的 1 个计算点	5m 钢卷尺	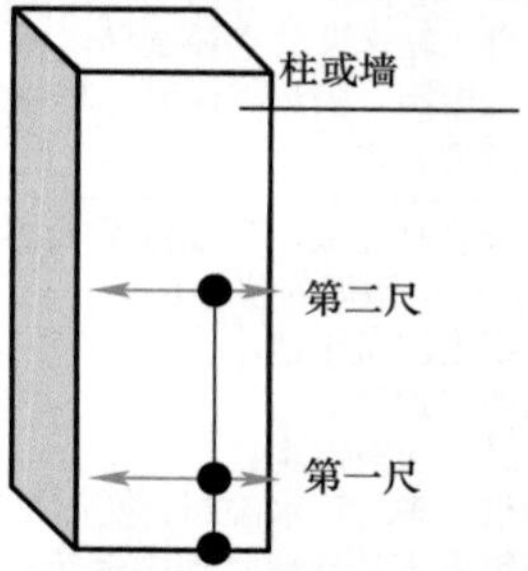
	表面平整度	1. 剪力墙/暗柱：选取长边墙，任选长边墙两面中的一面作为 1 个实测区。累计实测实量 20 个实测区。 2. 当所选墙长度小于 3m 时，同一面墙 4 个角（顶部及根部）中取左上及右下 2 个角。按 45°角斜放靠尺，累计测 2 次表面平整度。跨洞口部位必测。这 2 个实测值分别作为该指标合格率的 2 个计算点。 3. 当所选墙长度大于 3m 时，除按 45°角斜放靠尺测量两次表面平整度外，还需在墙长度中间水平放靠尺测量 1 次表面平整度。跨洞口部位必测。这 3 个实测值分别作为判断该指标合格率的 3 个计算点	2m 靠尺、楔形塞尺	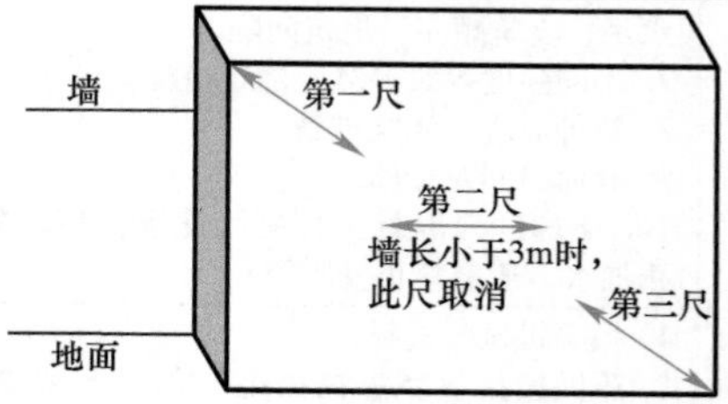 平整度测量示意
	垂直度	1. 剪力墙：任取长边墙的一面作为 1 个实测区。累计实测实量 20 个实测区。 2. 当墙长度小于 3m 时，同一面墙距两端头竖向阴阳角约 30cm 位置，分别按以下原则实测 2 次：一是靠尺顶端接触到上部混凝土顶板位置时测 1 次垂直度，二是靠尺底端接触到下部地面位置时测 1 次垂直度。混凝土墙体洞口一侧为垂直度必测部位。这 2 个实测值分别作为判断该实测指标合格率的 2 个计算点。 3. 当墙长度大于 3m 时，同一面墙距两端头竖向阴阳角约 30cm 和墙中间位置，分别按以下原则实测 3 次：一是靠尺顶端接触到上部混凝土顶板位置时测 1 次垂直度；二是靠尺底端接触到下部地面位置时测 1 次垂直度；三是在墙长度中间位置靠尺基本在高度方向居中时测 1 次垂直度。混凝土墙体洞口一侧为垂直度必测部位。这 3 个实测值分别作为判断该实测指标合格率的 3 个计算点。	2m 靠尺	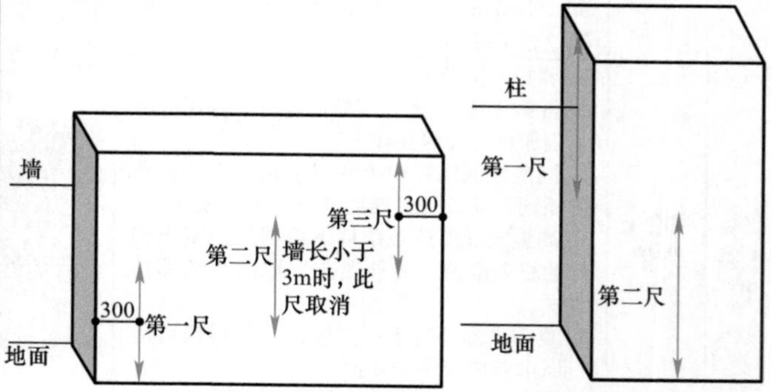

续表

施工步骤	检查项目	检测要求	检测工具	图示
4 混凝土外观检查	垂直度	4. 混凝土柱：任选混凝土柱四面中的两面，分别将靠尺顶端接触到上部混凝土顶板和下部地面位置时各测 1 次垂直度。这 2 个实测值分别作为判断该实测指标合格率的 2 个计算点		
	顶板水平度极差	1. 同一功能房间混凝土顶板作为 1 个实测区，累计实测实量 8 个实测区。 2. 使用激光扫平仪，在实测板跨内打出一条水平基准线。同一实测区距顶板天花线约 30cm 处位置选取 4 个角点，以及板跨几何中心位（若板单侧跨度较大可在中心部位增加 1 个测点），分别测量混凝土顶板与水平基准线之间的 5 个垂直距离。以最低点为基准点，计算另外四点与最低点之间的偏差。偏差值≤15mm 时实测点合格；最大偏差值≤20mm 时，5 个偏差值（基准点偏差值以 0 计）的实际值作为判断该实测指标合格率的 5 个计算点。最大偏差值>20mm 时，5 个偏差值均按最大偏差值计，作为判断该实测指标合格率的 5 个计算点。 3. 所选 2 套房中顶板水平度极差的实测区不满足 8 个时，需增加实测套房数	激光扫平仪、具有足够刚度的 5m 钢卷尺（或塔尺、激光测距仪）	第一点 第二点 第三点 第四点 第五点 房间 300 顶板水平度测量示意
	楼板厚度偏差	1. 同一跨板作为 1 个实测区，累计实测实量 10 个实测区。每个实测区取 1 个样本点，取点位置为该板跨中区域。 2. 测量所抽查跨的楼板厚度，当采用非破损法测量时将测厚仪发射探头与接收探头分别置于被测楼板的上下两侧，仪器上显示的值即为两探头之间的距离，移动接收探头，当仪器显示为最小值时，即为楼板的厚度；当采用破损法测量时，可用电钻在板中钻孔（需特别注意避开预埋电线管等），以卷尺测量孔眼厚度。1 个实测值作为判断该实测指标合格率的 1 个计算点。 3. 所选 2 套房中楼板厚度偏差的实测区不满足 10 个时，需增加实测套房数	超声波楼板测厚仪（非破损）或卷尺（破损法）	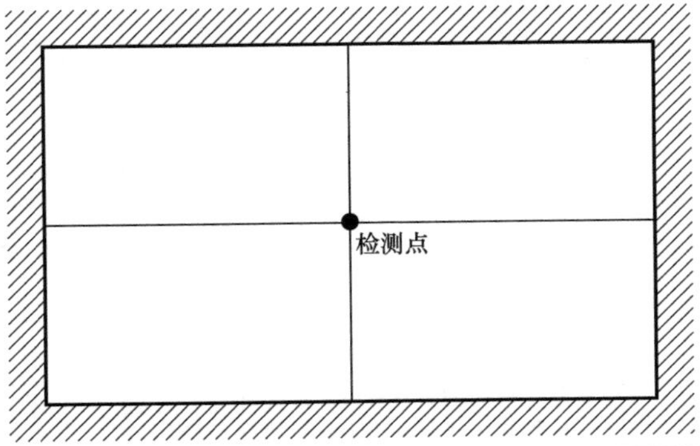 检测点
	形成资料	混凝土外观检查后形成资料《现浇结构外观及尺寸偏差检验批质量验收记录表》	—	—

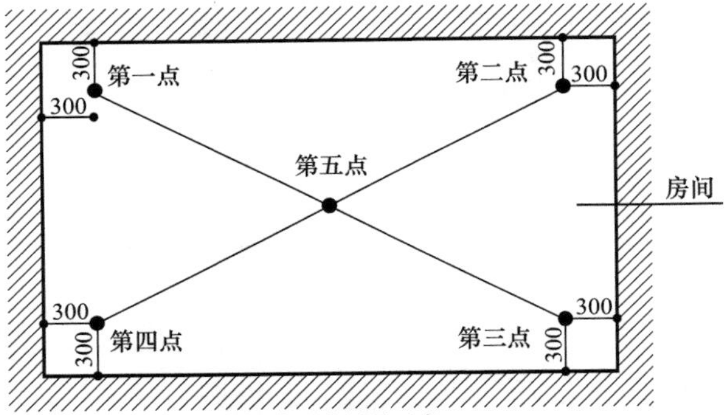

续表

施工步骤	检查项目	质量控制要点	检测方法	组织人员工作	参与人员工作		
				监理工程师	质量工程师	专业工程师	试验工程师
5 混凝土实体检测	结构实体检验	1. 结构实体检验方案。 2. 混凝土强度评定（离散度控制等）。 3. 钢筋保护层检测（部位选择等）。 4. 结构位置及尺寸偏差	检测机构检测；尺量、测厚仪	按照监理要求开展相关工作	1. 监督按照结构实体检测取样标准进行现场取样。 2. 落实结构实体质量通病防治措施	1. 接收取样、送检通知单。 2. 组织现场检测工作。 3. 向监理工程师进行现场检测见证申请	1. 根据检测标准指导现场检测。 2. 填写及签署见证记录。 3. 建立检验试验台账。 4. 试验记录及报告的收集整理
				形成资料			
				见证记录	现场检查原始记录	施工日志	

施工步骤	工艺流程	质量控制要点	具体要求内容
6 检查验收	混凝土外观检查要求	1. 墙厚、板厚、层高的检验可采用非破损或局部破损的方法，也可采用非破损方法并用局部破损方法进行校准。当采用非破损方法检验时，所使用的检测仪器应经过计量检验，检测操作应符合国家现行有关标准。 2. 结构实体位置与尺寸偏差项目应分别进行验收，并应符合下列规定： （1）当检验项目的合格率为80%及以上时，可判为合格。 （2）当检验项目的合格率小于80%但不小于70%时，可再抽取相同数量的构件进行检验；当按两次抽样总和计算的合格率为80%及以上时，仍可判为合格。	见下文

1. 现浇结构位置和尺寸偏差检查数量符合下列规定，应按楼层、结构缝或施工段划分检验批。

序号	检查部位	检查数量
1	梁、柱及独立基础	同一检验批内，应抽查构件数量的10%，且不少于3件
2	墙、板	应按有代表性的自然间抽查10%，且不少于3件
3	大空间结构	墙可按相邻轴线间高度5m左右划分检查面，板可按纵、横轴线划分检查面，抽查10%，且均不少于3面
4	电梯井	全数检查
5	层高	应按有代表性的自然间抽查10%，且不少于3间

2. 结构实体位置与尺寸偏差检验项目及检验方法

项目	检验方法
柱截面尺寸	选取柱的一边测量柱的中部、下部及其他部位，取三点平均值
柱垂直度	沿两个方向分别测量，取较大值
墙厚	墙身中部测三点，取平均值；测点间距不应小于1m
梁高	量测一侧边跨中及两个距离支座0.1m处，取三点平均值；量测值可取腹板高度加上此处楼板的实测厚度
板厚	悬挑板取距离支座0.1m处，沿宽度方向取包括中心位置在内的随机三点平均值；其他楼板，在同一对角线上测量中间及距离两端各0.1m处，取三点平均值
层高	与板厚测点相同，量测板顶至上层楼板板底净高，层高量测值为净高与板厚之和，取三点平均值

续表

施工步骤	工艺流程	质量控制要点	具体要求内容
		……部应建立实测实量工作小……部署开展实测……	3. 现浇结构位置和尺寸偏差及检验方法

3. 现浇结构位置和尺寸偏差及检验方法

项目			允许偏差（mm）	检验方法
轴线位置	整体基础		15	经纬仪及尺量
	独立基础		10	经纬仪及尺量
	柱、墙、梁		8	尺量
垂直度	层高	≤6m	10	经纬仪或吊线、尺量
		>6m	12	经纬仪或吊线、尺量
	全高（H）≤300m		H/30000+20	经纬仪或尺量
	全高（H）>300m		H/10000 且≤80	经纬仪或尺量
标高	层高		±10	水准仪或拉线、尺量
	全高		±30	水准仪或拉线、尺量
截面尺寸	基础		+15，−10	尺量
	柱、梁、板、墙		+10，−5	尺量
	楼梯相邻踏步高差		6	尺量
[illegible]	中心尺寸		10	尺量
	[illegible]尺寸		+25，0	尺量
[illegible]			8	2m 靠尺和塞尺测量
[illegible]			10	尺量
[illegible]			5	尺量
[illegible]			5	尺量
[illegible]			10	尺量
[illegible]			15	尺量

……并取其中偏差的较大值。

项目		允许偏差（mm）
层高	[illegible]	10
	[illegible]	12
全高（H）≤300m		H/30000+20
全高（H）>300m		H/10000 且≤80

续表

<table>
<tr><th>施工步骤</th><th>工艺流程</th><th>质量控制要点</th><th>具体要求内容</th></tr>
<tr>
<td>6
检查验收</td>
<td>混凝土强度回弹</td>
<td>各结构施工工程应使用混凝土回弹仪进行日常混凝土强度的监测与检测。
1. 混凝土结构构件覆盖率100%。
2. 回弹周期：混凝土构件浇筑完成第14d、28d、40d</td>
<td>1. 结构实体混凝土回弹：
<table>
<tr><th>项目</th><th>要求</th></tr>
<tr><td rowspan="2">回弹前准备</td><td>采用回弹法检测混凝土强度时，应具有下列资料：
1. 工程名称、设计单位、施工单位；
2. 构件名称、数量及混凝土类型、强度等级；
3. 水泥安定性，外加剂、掺和料品种，混凝土配合比等；
4. 施工模板、混凝土浇筑、养护情况及浇筑日期等；
5. 必要的设计图纸和施工记录；检测原因</td></tr>
<tr><td>1. 回弹仪检定周期为半年，当回弹仪具有下列情况之一时，应由法定计量检定机构按《回弹仪检定规程》JJG 817—2011进行检定：
(1) 新回弹仪启用前；
(2) 超过检定有效期限；
(3) 数字式回弹仪数字显示的回弹值与指针直读式相差大于1；
(4) 经保养后，在钢砧上的率定值不合格；
(5) 遭受严重撞击或其他损害。
2. 当回弹仪存在下列情况之一时，应进行保养：
(1) 回弹仪弹击超过2000次；
(2) 在钢砧上的率定值不合格；
(3) 对检测值有怀疑</td></tr>
</table>
2. 回弹构件的抽取应符合下列规定：
(1) 同一混凝土强度等级的柱、梁、墙、板，抽取构件最小数量应符合规定，并应均匀分布；
(2) 不宜抽取截面高度小于300mm的梁和边长小于300mm的柱。
回弹构件抽取最小数量
<table>
<tr><th>构件总数量</th><th>最小抽样数量</th></tr>
<tr><td>20以下</td><td>全数</td></tr>
<tr><td>20～150</td><td>20</td></tr>
<tr><td>151～280</td><td>26</td></tr>
<tr><td>281～500</td><td>40</td></tr>
<tr><td>501～1200</td><td>64</td></tr>
<tr><td>1201～3200</td><td>100</td></tr>
</table>
3. 每个构件应选取不少于5个测区进行回弹检测及回弹值计算，并应符合《回弹法检测混凝土抗压强度技术规程》JGJ/T 23—2011对单个构件检测的有关规定。楼板构件的回弹宜在板底进行</td>
</tr>
</table>

续表

施工步骤	工艺流程	质量控制要点	具体要求内容
6 检查验收	混凝土强度回弹		4. 单个构件的检测应符合下列规定： (1) 对于一般构件，测区数不宜少于10个。当受检构件数量大于30个且不需提供单个构件推定强度或受检构件某一方向尺寸不大于4.5m且另一方向尺寸不大于0.3m时，每个构件的测区数量可适当减少，但不应少于5个。相邻两个的间距不应大于2m，测区离构件端部或施工边缘的距离不宜大于0.5m，且不宜小于0.2m。 (2) 测区宜选在能使回弹仪处于水平方向的混凝土浇筑侧面。当不能满足这一要求时，也可选在使回弹仪处于非水平方向的混凝土浇筑表面或底面。 (3) 测区宜布置在构件的两个对称的可测面上，当不能布置在对称的可测面上时，也可布置在同一可测面上，且应均匀分布。在构件的重要部位及薄弱部位应布置测区，并应避开预埋件。 (4) 测区面积不宜大于0.04m^2。测区表面应为混凝土原浆面，并应清洁、平整，不应有疏松层、浮浆、油垢、涂层以及蜂窝、麻面。对于弹击时产生颤动的薄壁、小型构件，应进行固定。 5. 对于混凝土生产工艺、强度等级相同，原材料、配合比、养护条件基本一致且龄期相近的一批同类构件的检测应采用批量检测。按批量进行检测时应随机抽取构件，抽检数量不宜少于同批构件总数的30%且不宜少于10件。当检验批构件数量大于30个时，抽样数量可适当调整，并不得少于按现行有关标准规定的最小抽样数量。 6. 测区应标有清晰的编号，并宜在记录纸上绘制测区布置示意图和描述外观质量情况。 7. 回弹值测量： (1) 测量回弹值时，回弹仪的轴线应始终垂直于混凝土检测面，并应缓慢施压、准确读数、快速复位。 (2) 每一测区应读取16个回弹值，每一测点的回弹值读数应精确至1。测点宜在测区范围内均匀分布，相邻两测点的净距离不宜小于20mm；测点距外露钢筋、预埋件的距离不宜小于30mm；测点不应在气孔或外露石子上，同一测点应只弹击一次。 8. 回弹值计算： 符合下列条件的非泵送混凝土，测区强度应按《回弹法检测混凝土抗压强度技术规程》JGJ/T 23—2011附录A进行强度换算： (1) 混凝土采用的水泥、砂石、外加剂、掺和料、拌合用水符合国家现行有关标准； (2) 采用普通成型工艺； (3) 采用符合国家标准规定的模板； (4) 蒸汽养护出池经自然养护7d以上，且混凝土表层为干燥状态； (5) 自然养护且龄期为14～1000d； (6) 抗压强度为10.0～60.0MPa。 符合以上几点非泵送混凝土检测条件的泵送混凝土，测区强度可按《回弹法检测混凝土抗压强度技术规程》JGJ/T 23—2011附录B的曲线方程计算或规定的强度换算。 9. 回弹值判定： 计算测区回弹值时，在每一测区内的16个回弹值中，应先剔除3个最大值和3个最小值，然后取剩下10个回弹值的算术平均值后，应按照《回弹法检测混凝土抗压强度技术规程》JGJ/T 23—2011的相关要求推定混凝土强度

4. 推荐标准

<table>
<tr><th colspan="3">混凝土浇筑施工推荐标准</th></tr>
<tr><td rowspan="2">1. 预拌混凝土力学性能试验以 3 个试件为 1 组，每组试件应从同盘或同一车选取；防水混凝土留置一组 6 个抗渗试件，每项工程不得少于两组。
2. 成型后带模试件应用湿布或塑料布覆盖，并在 20±5℃相对湿度≥50％的室内静置 1d（但不得超 2d），然后拆模编号。
3. 同条件养护的试件成型后应将表面加以覆盖。试件拆模时间可与构件的实际拆模时间相同；拆模后，试件仍须保持同条件养护。
4. 试块成型后应覆盖表面，并静置，拆模后试件应立即送入工标准养护室养护，试件间应保持 10～20mm 的距离，并避免直接用水冲淋试件，温度控制在 20±2℃，湿度控制在 95％以上，养护 28d。
5. 温湿度控制仪必须经过检测，计量准确，检测报告张贴在试验室。
6. 混凝土输送、浇筑过程中严禁加水；混凝土输送、浇筑过程中散落的混凝土严禁用于结构浇筑，不满足浇筑要求的混凝土一律按退场处理。
7. 梁柱不同强度等级混凝土采用快易收口网或铝线网分隔，收口网呈 45°角放置，在两侧模板安装前绑扎完成；混凝土强度等级相差 2 个及 2 个以上时，混凝土的浇筑应按设计要求执行。
8. 普通混凝土养护不少于 7d，特殊混凝土养护不少于 14d。</td>
<td>

同条件养护试块现场留置</td>
<td>
混凝土试块标养箱</td></tr>
<tr><td>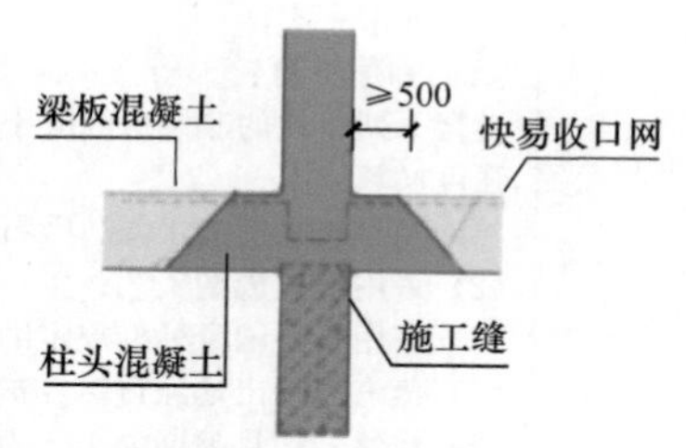

不同强度等级混凝土隔断做法示意图（一）</td>
<td>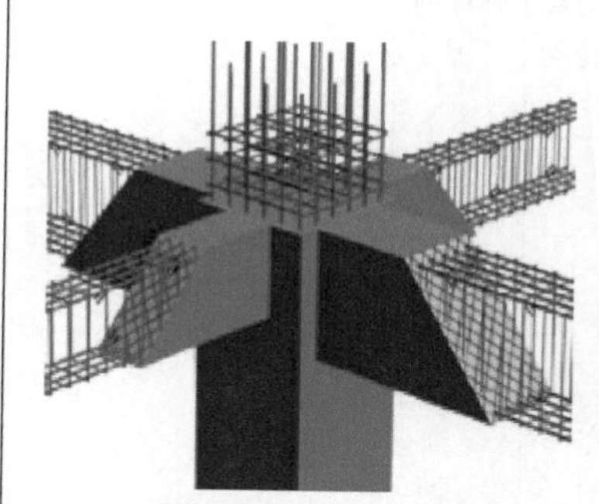
不同强度等级混凝土隔断做法示意图（二）</td></tr>
</table>

续表

预拌混凝土进场验收推荐标准

9. 预拌混凝土进场查验质量证明文件，包括混凝土配合比通知单、预拌混凝土质量合格证、混凝土运输单，以及合同规定的其他资料。
10. 预拌混凝土检查其拌合物工作性，应检验坍落度，预拌混凝土的坍落度检查应在交货地点进行，并填写坍落度检查汇总表。
11. 预拌混凝土坍落度筒需采用标准规格，坍落度筒合格证等应齐全。
12. 专业工程师汇总填写预拌混凝土浇筑记录（全数填写，坍落度抽检）。
13. 预拌混凝土运输车辆采用标准罐车，混凝土拌合物的均匀性，不产生分层离析现象。罐车拌筒应保持 3～6r/min 的慢速转动。
14. 预拌混凝土初凝时间控制在 4～5h，混凝土终凝时间控制在 7～8h。
15. 对预拌混凝土搅拌站按规定频率进行抽检，抽检商品混凝土拌制时，施工单位、监理单位、建设单位人员全过程旁站。

预拌混凝土坍落度检查

混凝土类别	商品混凝土		强度等级		C15	
配合比编号			天气情况		晴	
车次项目	1	2	3	4	5	6	7
车号							
发车时间							
到达时间							
混凝土数量（m^3）							
坍落度（mm）							
入模温度（℃）							
混凝土和易性							
试件制作情况							
结论							
验收人							

坍落度检查汇总表

商品混凝土浇灌汇总表

日期：　　　　混凝土要求初凝时间：

混凝土设计强度等级：　　　　施工部位：

混凝土要求坍落度：

序号	车号	出厂时刻a	进场时刻b	开始浇灌时刻c	浇灌完毕时刻d	总耗用时间d-a	接茬时间后车d-前车a	坍落度	备注

预拌混凝土浇筑记录

续表

现浇结构实测实量及成品保护推荐标准	
16. 已浇筑的楼板、楼梯踏步的上表面混凝土要加以保护。 17. 楼梯踏步、门窗洞口、预留洞口、墙体及柱阳角可采用废旧的木模板做护角保护。 18. 混凝土浇筑后应及时进行保湿养护，保湿养护可采用洒水、覆盖、喷涂养护剂等方式。选择养护方式应考虑现场条件、环境温湿度、构件特点、技术要求、施工操作等因素。 19. 采用标识将轴线、标高等标识在混凝土构件上，便于进行实测实量。 20. 采用张贴二维码方式，将实测实量数据、点位分布图等信息在现场展示。 21. 实测实量需设置工艺样板或者实体样板，确保样板先行，提升实测实量措施的落实	 轴线标高标识  台阶成品保护措施   轴线标高标识
实测实量印章： 应用部位：施工过程中，混凝土结构实测实量，混凝土强度回弹实测实量，二次结构实测实量等。 作用：标准化CI设计，规范化实测实量现场管理，提高实测实量工作效率，提高实体质量及观感质量	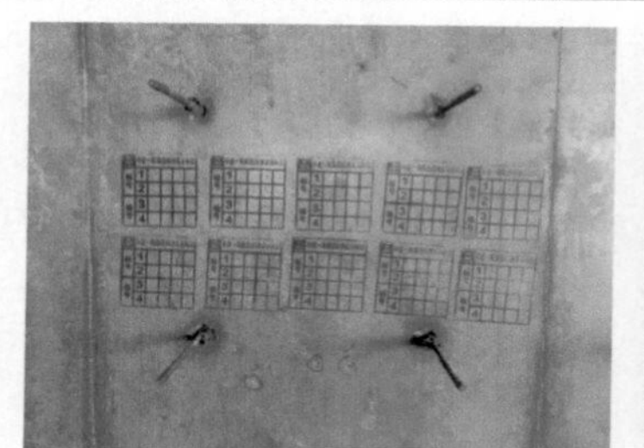  实测实量检验印章

四、装配式工程

1. 施工准备

（1）技术准备

1）在构件进场施工前，就方案、现场施工的各方面问题进行讨论、交底，保证装配式工程能够顺利进行。

2）由总工程师组织技术工程师编制专项施工方案，经相关部门会审，审核合格由总工程师签字、项目经理审批后报监理单位。

3）技术方案应包含主要施工方法、质量控制要点、通病防治措施等内容。

4）超过一定规模的危险性较大的模板工程专项施工方案应进行专家论证。

5）技术部对项目部有关人员、分包技术人员进行方案交底；工程部对分包工长、班组长进行技术安全交底；分包工长对班组进行技术交底。

6）预制构件吊装施工前，项目管理人员需认真熟读 PC 深化图纸，充分理解并掌握施工方案，研讨吊装方案。

（2）材料准备

1）预制构件应按照国家、行业及地方现行相关标准的规定进行进场验收，并核对预制构件的混凝土强度及预制构件和配件的型号、规格、数量等是否符合设计要求；根据施工计划安排制定合理的构件进场计划；应合理规划构件运输通道和临时堆放场地，并应采取成品堆放保护措施。

2）应根据构件的安装计划，提前准备构件安装施工所需辅材，例如：墙板斜支撑、叠合板三脚架、三脚架、钢质调节垫片、定位钢板、坐浆料、EPE 橡胶条等，保障现场构件安装工序顺利开展。

（3）机具准备

应按施工需求准备相应施工机具，如：吊具、全站仪、电子经纬仪、电子水准仪、水桶、搅拌机、电子秤、量筒、灌浆筒等。

（4）构件准备

1）预制构件应按照国家、行业及地方现行相关标准的规定进行进场验收，并核对预制构件的混凝土强度及预制构件和配件的型号、规格、数量等是否符合设计要求；根据施工计划安排制定合理的构件进场计划；应合理规划构件运输通道和临时堆放场地，并应采取成品堆放保护措施。

2）预制构件安装前对吊点和最不利截面的开裂情况进行验算；构件吊运时，动力系数宜取 1.5；构件翻转及安装过程中就位、临时固定时，动力系数可取 1.2。

3）吊装用钢丝绳与专用卸扣的安全系数不应小于6，起吊重大构件时，除应采取妥善保护措施外，吊索的安全系数应取10。

2. 工艺流程

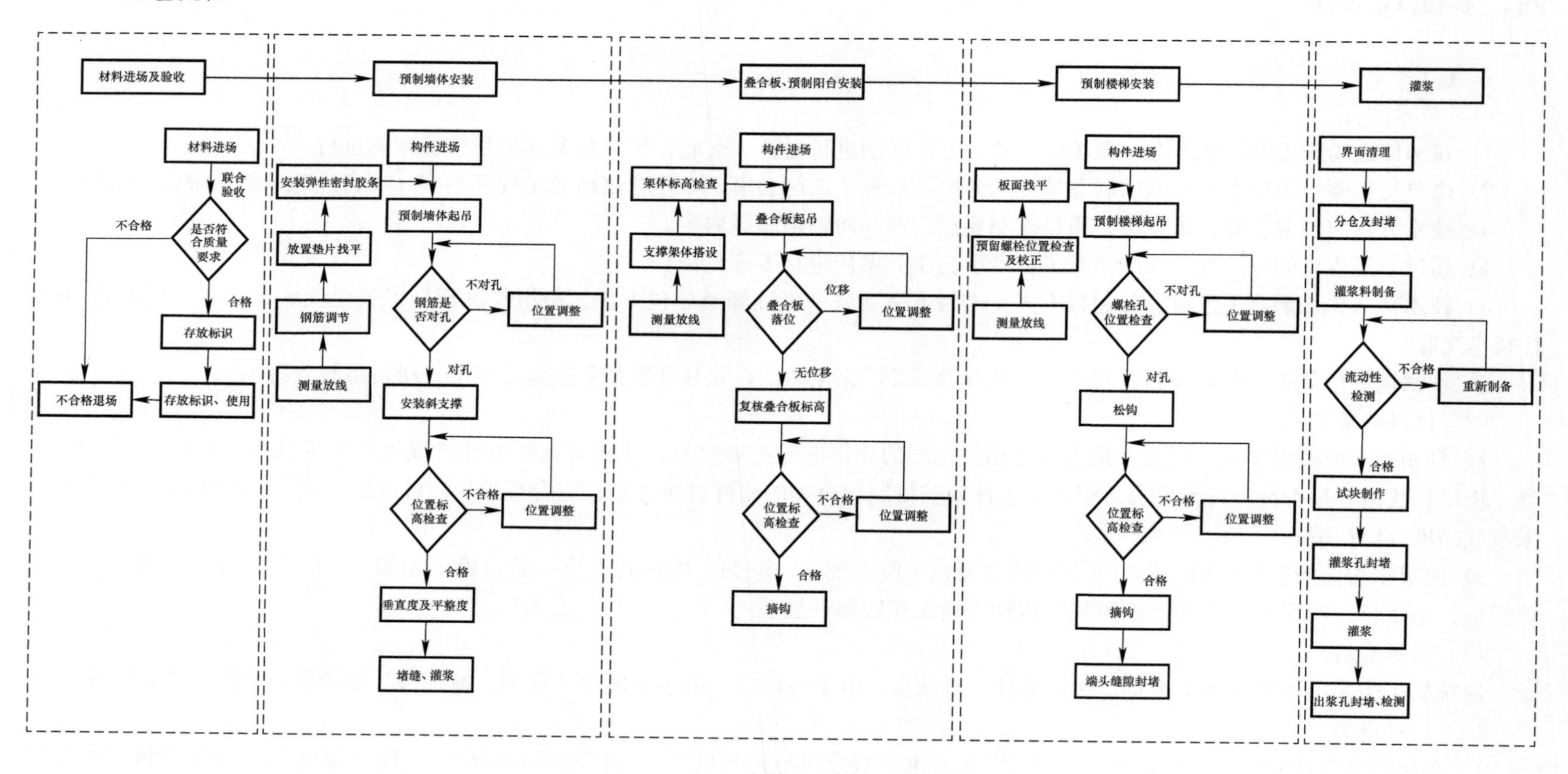

3. 标准化管理

施工步骤	工艺流程	质量控制要点	图示说明	组织人员工作	参与人员工作		
				材料工程师	质量工程师	专业工程师	技术工程师
1 材料进场	预制构件进场验收	1. 文件检查：进场前应核对原材的质量证明资料（材料清单、产品质量证明书等）。资料须注明进场时间、进场数量、经办人。 2. 外观检查：预制构件的外观不应有严重缺陷，且不宜有一般缺陷。对已出现的一般缺陷，应按技术方案进行处理，并应重新检验。 夹心外墙板的内外叶墙板之间的拉结类别、数量及使用位置应符合设计要求。 预制构件检查合格后，应在构件上设置标识，标识内容包括构件编号、制作日期、合格状态、生产单位等信息。 3. 尺寸检查：应对预制构件长、宽、厚、表面平整度、侧向弯曲、翘曲、对角线差、预留孔洞、门窗洞口、预留插筋、预埋件等进行检查。 4. 对于不合格品进行退场处理。 5. 原材料按照统一标准化的要求进行标识和存放	 预制构件平整度检查  预制构件尺寸检查  预制构件尺寸、预埋件检查	1. 收集并核查质量证明文件。 2. 准备游标卡尺、卷尺、靠尺等验收工具。 3. 组织联合验收，做好进场验收台账。 4. 填写及签署材料、构配件进场检验记录	1. 核查质量证明文件。 2. 构件规格型号、外观质量检查验收。 3. 签署材料、构配件进场检验记录	1. 核查构件规格、型号等。 2. 构件规格型号、外观质量检查验收。 3. 检查构件长、宽、厚度、翘曲度等指标	1. 核查质量证明文件。 2. 构件规格型号、外观质量检查验收
				形成资料			
				1. 进场验收台账。 2. 材料、构配件进场检验记录	材料、构配件进场检验记录	施工日志	—

续表

施工步骤	工艺流程	质量控制要点	图示说明	组织人员工作
1 材料进场	试件、试块制作	1. 灌浆料原材检验：预制构件灌浆前应完成灌浆料原材检验，对灌浆料流动度初始值，30min 流动度保留值，3h 竖向膨胀率，24h 与 3h 膨胀值之差，1d、3d、28d 试块抗压强度进行检验。检验结果应符合现行《钢筋连接用套筒灌浆料》JG/T 408 有关规定。 检查数量：同一批号的灌浆料，检验批量不应大于 50t。 灌浆施工中，需要检验灌浆料 28d 抗压强度并应符合现行《钢筋连接用套筒灌浆料》JG/T 408 有关规定。 检查数量：每个工作班取样不得少于 1 次，每层楼取样不得少于 3 次。每次抽取 1 组 40mm×40mm×160mm 的试件，标准养护 28d 后进行抗压强度试验。 2. 灌浆套筒型式检验：工程应用套筒灌浆连接时，应由接头提供单位提交所有规格接头的有效型式检验报告。 3. 灌浆套筒进厂（场）检验：灌浆套筒进厂（场）时，应抽取灌浆套筒并采用与之匹配的灌浆料制作对中连接接头试件，并进行抗拉强度检验。 4. 灌浆接头工艺检验：灌浆施工前，应对不同钢筋生产企业的进场钢筋进行接头工艺检验；施工过程中，如更换钢筋生产企业或同生产企业生产的钢筋外形尺寸与已完成工艺检验的钢筋有较大差异时，应再次进行工艺检验。工艺检验应符合下列规定： （1）灌浆套筒埋入预制构件时，工艺检验应在预制构件生产前进行；当现场灌浆施工单位与工艺检验时的灌浆单位不同，灌浆前应再次进行工艺检验； （2）工艺检验应模拟施工条件制作接头试件，并应按接头提供单位提供的施工操作要求进行； （3）每种规格钢筋应制作 3 个对中套筒灌浆连接接头，并应检查灌浆质量； （4）采用灌浆料拌合物制作的 40mm×40mm×160mm 试件不应少于 1 组； （5）每个接头试件的抗拉强度和 3 个接头试件残余变形的平均值应符合相关规范要求； （6）第一次工艺检验中 1 个试件抗拉强度或 3 个试件的残余变形平均值不合格时，可再抽 3 个试件进行复检，复检仍不合格判为工艺检验不合格。 5. 灌浆接头平行检验：灌浆施工过程中，应在施工专职检验人员及监理人员的见证下，模拟施工条件制作相应数量的平行试件，进行抗拉强度检验，并经检验合格后方可进行灌浆施工； 检查数量：同一批号、同一类型、同一规格的灌浆套筒，不超过 1000 个为一批，每批随机抽取 3 个灌浆套筒制作对中连接接头试件	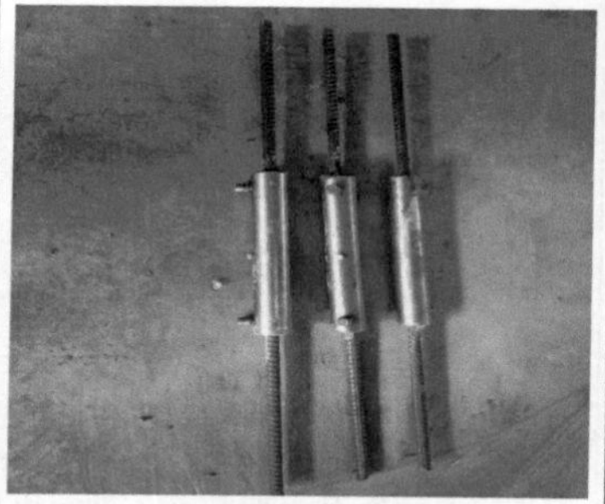 灌浆套筒 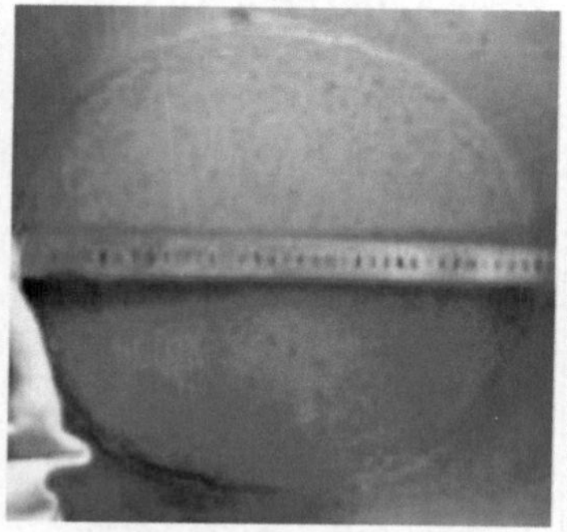 流动度检测  灌浆料强度试块	试验工程师 制作标养试块及试件并放置于指定位置 形成资料 1. 试验台账。 2. 温湿度记录。 3. 试验报告

续表

施工步骤	工艺流程	质量控制要点	图示说明	组织人员工作	参与人员工作	
				质量工程师	专业工程师	技术工程师
2 预制构件安装	预制墙体安装	1. 采用钢筋灌浆套筒连接的构件就位前，应检查套筒、预留孔的规格、位置、数量、深度。 2. 检查被连接钢筋的规格、数量、位置、长度，被连接钢筋表面清洁无杂物。 3. 墙板构件安装前应进行：现浇混凝土结合面凿毛；结合面清理，无杂物；构件灌浆套筒无堵塞。构件底部应设置可调节接缝厚度和底部标高的垫块；灌浆套筒连接接头灌浆前，应对接缝周围进行封堵，封堵措施应符合接合面承载力设计要求；当多层剪力墙底部采用坐浆料时，其厚度不宜大于20mm。 4. 可采用坐浆料对预制墙板底部接缝进行周圈封堵，确保密实可靠。 5. 预制墙板构件吊装就位后，应及时校准并采取临时固定措施。 6. 预制墙板构件连接采用焊接或螺栓连接时，相关规定。采用焊接连接时，应采取防止因连续施焊引起连接部位混凝土开裂的措施。 7. 采用压浆法从灌浆分区下口灌注，当浆料从其他孔流出后及时进行封堵，完成整段墙体的灌浆后，进行外漏浆料处理，并从出浆孔对不饱满的灌浆套筒进行补灌	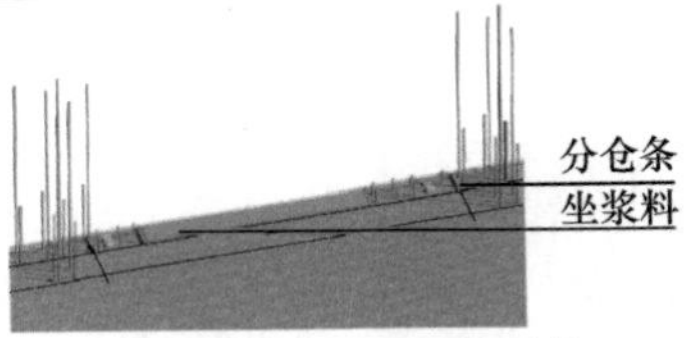 分仓条 坐浆料 预制墙体分仓、坐浆示意 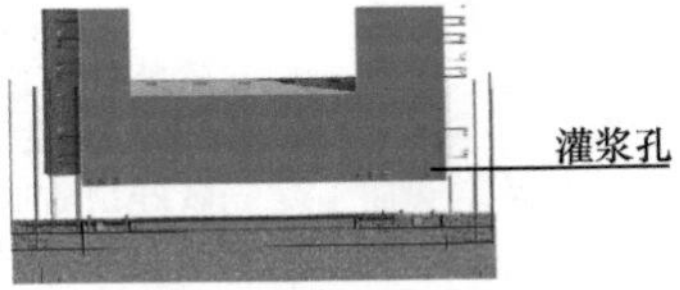 灌浆孔 预制外墙（单窗）预安装示意图 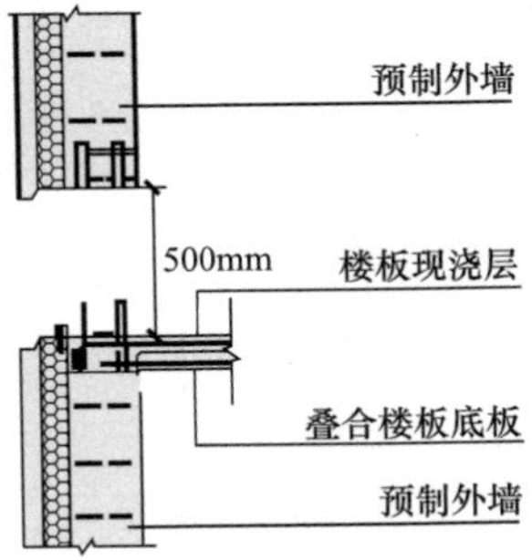 预制外墙 500mm 楼板现浇层 叠合楼板底板 预制外墙 预制墙体安装示意 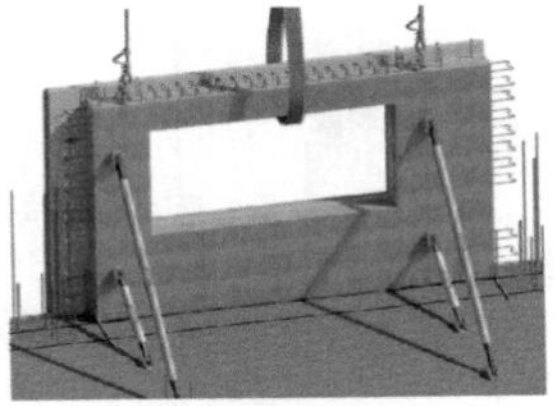 预制墙体支撑安装示意	1. 开展施工作业面质量巡查工作。 2. 组织联合验收，做好预验收并向监理工程师报验。 3. 准备卷尺、靠尺等验收工具。 4. 填写及签署现场验收检查原始记录、钢筋安装检验批质量验收记录	1. 按规范、图纸、施工方案组织施工。 2. 监控工序操作质量，监督自检、互检和交接检工作。 3. 向项目质检部门进行检验批报验。 4. 组织试验、检测工作，向监理工程师进行试验及检测见证申请。 5. 编制并签署现场验收检查原始记录、隐蔽验收记录、钢筋安装检验批质量验收记录等资料。 6. 拍摄照片、录像资料，并及时归档	1. 监督装配式结构施工方案的实施，填写装配式结构施工方案现场复核记录。 2. 填写模板施工方案现场复核记录
				形成资料		
				1. 装配式结构安装与连接检验批质量验收记录。 2. 实测实量记录	1. 现场验收检查原始记录。 2. 隐蔽验收记录。 3. 施工日志	现场复核记录

续表

施工步骤	工艺流程	质量控制要点	图示说明	组织人员工作	参与人员工作	
				质量工程师	专业工程师	技术工程师
2 预制构件安装	阳台、叠合板安装	1. 检查墙板构件编号及外观质量；检查独立支撑、铝梁（几字形钢木梁）规格型号等其他辅助材料。 2. 在叠合板下层墙板立面上定位放线，在叠合板与预制构件或现浇构件搭接处放出10mm控制线。 3. 按独立支撑布置图布设，当采用厚度为60mm的叠合板时，支撑间距不宜大于1600mm，板端悬挑不应大于500m。铝梁应与叠合板桁架钢筋方向垂直。 4. 待叠合梁板下放至距楼面500m处，根据预先定位的导向架及控制线微调，微调完成后减缓下放。由两名专业操作工人利用缆风绳引导降落，降落至100mm时，一名工人通过铅垂观察叠合梁板的边线是否与水平定位线对齐。 5. 叠合板板缝可采用吊模支设，板缝较宽时可在模板下方增设支撑。 6. 按设计要求确定板带钢筋在叠合板外伸钢筋上侧或下侧，板带钢筋在叠合板外伸钢筋下侧时，施工时注意控制下侧钢筋保护层厚度。 7. 当机电管线难以穿过桁架筋下方时，征求设计意见后，方可局部切断桁架筋	 叠合板吊装  板缝支模、独立支撑 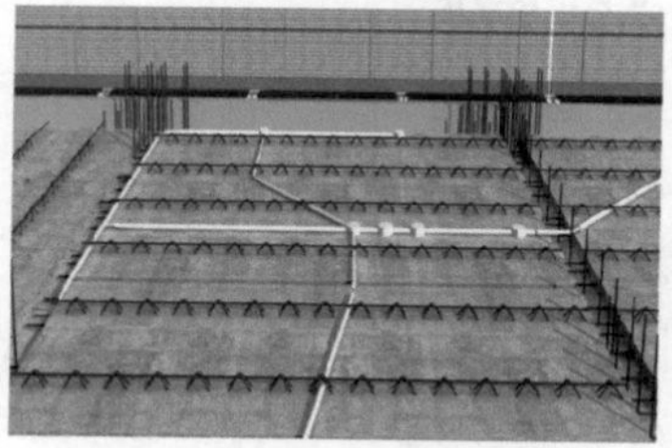 水电管线安装	1. 开展施工作业面质量巡查工作。 2. 组织联合验收，做好预验收并向监理工程师报验。 3. 准备卷尺、靠尺等验收工具。 4. 填写及签署现场验收检查原始记录、钢筋安装检验批质量验收记录	1. 按规范、图纸、施工方案组织施工。 2. 监控工序操作质量，监督自检、互检和交接检工作。 3. 向项目质检部门进行检验批报验。 4. 组织试验、检测工作，向监理工程师进行试验及检测见证申请。 5. 编制并签署现场验收检查原始记录、隐蔽验收记录、钢筋安装检验批质量验收记录等资料。 6. 拍摄照片、录像资料，并及时归档	监督装配式结构施工方案的实施，填写装配式结构施工方案现场复核记录
				形成资料		
				1. 装配式结构安装与连接检验批质量验收记录。 2. 实测实量记录	1. 现场验收检查原始记录。 2. 隐蔽验收记录。 3. 施工日志	现场复核记录

续表

施工步骤	工艺流程	质量控制要点	图示说明	组织人员工作	参与人员工作	
				质量工程师	专业工程师	技术工程师
2 预制构件安装	预制楼梯安装	1. 根据施工图纸，在上下楼梯休息平台板上分别放出楼梯定位线。 2. 在梯梁、平台板面放置钢垫片，并铺设细石混凝土找平。 3. 应根据预制构件形状、尺寸、重量和作业半径等要求选择吊具和起重设备。 4. 应按照制定好的吊装安装顺序，按起重设备吊设范围由远及近进行吊装，吊装时采取保证起重设备的主钩位置、吊具及构件重心在竖直方向上重合的措施；吊运过程应平稳，不应有大幅度摆动，且不应长时间悬停。 5. 待墙体下放至距楼面 500mm 处，由专业操作工人扶稳预制楼梯，按照水平控制线缓慢下放楼梯，对准预留钢筋，安装至设计位置。 6. 对销键位置进行灌浆连接，一般楼梯上端为固定铰连接方式，下端为滑动铰连接方式。 7. 应设专人指挥，操作人员应位于安全位置。 8. 构件吊装前，核实现场环境、天气、道路状况满足吊装施工要求，应确认吊装设备及吊具处于安全操作状态。起吊前调节钢丝绳长度，使楼梯与地面夹角与安装后夹角基本相同	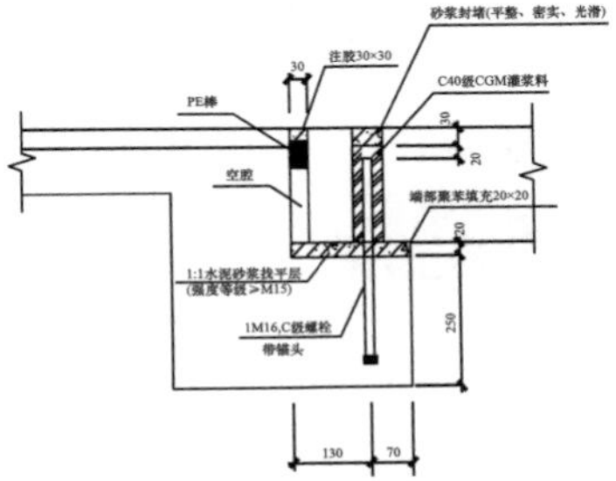 楼梯固定铰端安装节点 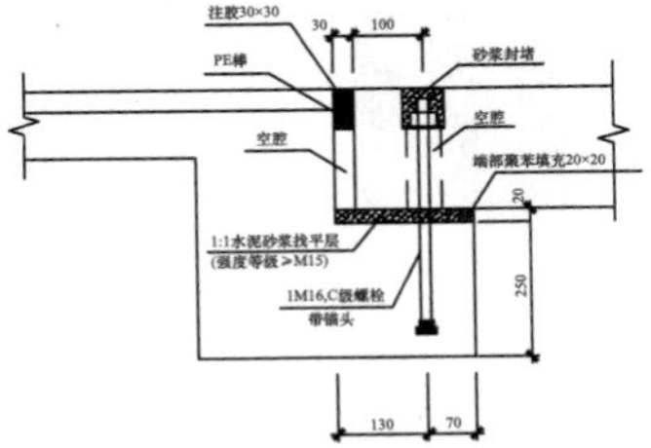 楼梯滑动铰端安装节点  预制楼梯吊装	1. 开展施工作业面质量巡查工作。 2. 组织联合验收，做好预验收并向监理工程师报验。 3. 准备卷尺、靠尺等验收工具。 4. 填写及签署现场验收检查原始记录、钢筋安装检验批质量验收记录	1. 按规范、图纸、施工方案组织施工。 2. 监控工序操作质量，监督自检、互检和交接检工作。 3. 向项目质检部门进行检验批报验。 4. 组织试验、检测工作，向监理工程师进行试验及检测见证申请。 5. 编制并签署现场验收检查原始记录、隐蔽验收记录、钢筋安装检验批质量验收记录等资料。 6. 拍摄照片、录像资料，并及时归档	监督装配式结构施工方案的实施，填写装配式结构施工方案现场复核记录
				形成资料		
				1. 装配式结构安装与连接检验批质量验收记录。 2. 实测实量记录	1. 现场验收检查原始记录。 2. 隐蔽验收记录。 3. 施工日志	现场复核记录

续表

施工步骤	工艺流程	质量控制要点	图示说明	组织人员工作	参与人员工作	
				质量工程师	专业工程师	技术工程师
3 灌浆作业	灌浆作业	1. 当灌浆套筒内有杂物时，应清理干净。 2. 灌浆接头检验合格后，方可进行钢筋套筒灌浆连接。 3. 钢筋套筒灌浆连接操作应在灌浆接头提供单位要求的温度下进行，环境温度低于5℃时不宜施工，低于0℃时不得施工；当环境温度高于30℃时，应采取有效措施降低灌浆料拌合物温度。 4. 灌浆前灌浆作业面宜用水湿润但不得有明水。 5. 竖向灌浆应根据实际情况对灌浆套筒分组灌浆，仓位应保证密封良好且不宜过大，分仓长度沿墙体方向不宜大于1.5m。 6. 分仓隔墙宽度应不小于20mm，为防止遮挡套筒进浆孔，距离连接钢筋外缘应不小于40mm。 7. 灌浆设备灌浆前，应进行灌浆设备保压测试，同时测试各仓位密封情况。 8. 每个仓位灌浆应一次完成，不得停顿。 9. 对构件接缝的外沿应进行封堵。根据构件特性可选择专用封缝料密封条、封堵（或两者结合封堵）。应保证封堵严密、牢固可靠，否则压力灌浆时一旦漏浆处理困难。 10. 除排浆管路出口以外不得有其他冒浆部位，如出现应及时封堵。 11. 接头灌浆时，待接头上方的排浆孔流出浆料后，及时用专用橡胶塞封堵。灌浆泵（枪）口撤离灌浆孔时，也应立即封堵。	 制浆设备  量杯精确加水  制浆  封堵出浆口 灌浆 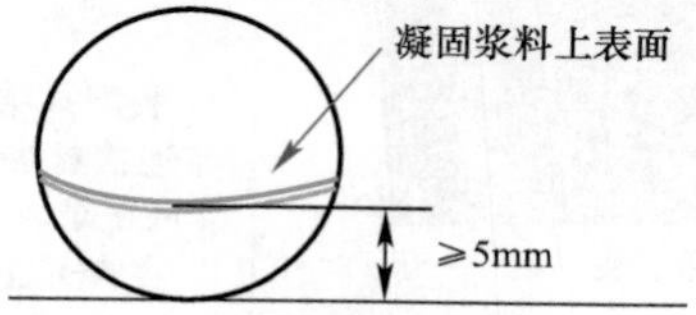 凝固浆料上表面 ≥5mm 充盈度检查	1. 开展施工作业面质量巡查工作。 2. 组织联合验收，做好预验收并向监理工程师报验。 3. 准备验收工具。 4. 填写及签署施工现场检验记录、灌浆连接检验记录	1. 按规范、图纸、施工方案组织施工。 2. 监控工序操作质量，监督自检、互检和交接检工作。 3. 向项目质检部门进行检验批报验。 4. 组织试验、检测工作，向监理工程师进行试验及检测见证申请。 5. 编制并签署现场验收检查原始记录等资料。 6. 拍摄照片、录像资料，并及时归档	监督装配式结构施工方案的实施，填写装配式结构施工方案现场复核记录
				形成资料		
				1. 施工现场检验记录。 2. 灌浆连接检验记录	1. 灌浆连接影像资料。 2. 施工日志	现场复核记录

续表

施工步骤	工艺流程	质量控制要点	图示说明	组织人员工作	参与人员工作	
3 灌浆作业	灌浆作业	12. 灌浆料凝固后，取下灌排浆孔封堵胶塞，检查孔内凝固的灌浆料上表面应高于排浆孔下缘5mm以上。 13. 钢筋套筒灌浆连接宜采用压力灌浆工艺，并应保证仓位的密闭性，灌浆工艺过程应留存影像资料，影像资料应包括灌浆作业人员、施工专职检验人员及监理人员同时在场记录				

施工步骤	工艺流程	质量控制要点	具体要求内容
4 检查验收	检查验收	1. 工程应用灌浆接头前，应对灌浆接头提供单位提交的材料进行审查与验收。 2. 灌浆套筒和灌浆料应在灌浆接头工艺检验合格后进厂或进场。 3. 现场施工过程中，应按要求进行相关试验，留存试块，检查验收记录及其他地方要求内容。	验收资料 1. 工程应用灌浆接头前，应对灌浆接头提供单位提交的材料进行审查与验收，内容应包括： (1) 工程所用灌浆接头的有效型式检验报告； (2) 灌浆套筒设计、灌浆接头加工、安装要求的相关技术文件； (3) 灌浆料使用说明书； (4) 灌浆套筒合格证和原材料质量证明书； (5) 灌浆料合格证和质量检测报告； (6) 灌浆接头工艺检验报告。 2. 灌浆套筒和灌浆料应在灌浆接头工艺检验合格后进厂或进场。 3. 现场验收。 (1) 灌浆施工中应检验灌浆料的30min流动度、28d抗压强度，应不小于灌浆接头型式检验报告中灌浆料抗压强度等级值，用于检验抗压强度的灌浆料试块应在灌浆施工现场制作。 检查数量：每工作班取样不得少于1次，每楼层取样不得少于3次。每次抽取1组40mm×40mm×160mm的试件，标准养护28d后进行抗压强度试验。 检查方法：检查灌浆连接检验记录、抗压强度试验报告。 (2) 预制构件底部接缝坐浆强度应满足设计要求。 检查数量：按批检验，以每层为一检验批；每工作班同一配合比应制作1组且每层不应少于3组边长为70.7mm的立方体试件，标准养护28d后进行抗压强度试验。 检查方法：检查灌浆连接检验记录、抗压强度试验报告。 (3) 灌浆过程中应满足各地方管理要求，按照具体要求进行施工，按照区域要求留存资料，如南京地区要求全程录制影像资料，对于灌浆料制备、流动度试验、注浆、出浆、灌浆孔封堵、试块留存等关键节点均需录制影像资料，并按楼层按时间整理，建立档案备查。

续表

施工步骤	工艺流程	质量控制要点	具体要求内容
4 检查验收	检查验收	4. 施工应满足所在地方管理要求。 5. 灌浆作业需关注施工作业期间温度，适时使用低温灌浆料	4. 施工应满足所在地方管理要求： 如北京项目的灌浆接头的灌浆施工现场检验应符合下列要求：现场检验项目包括灌浆套筒位置、连接钢筋位置、连接钢筋长度，应符合现行《钢筋套筒灌浆连接应用技术规程》JGJ 355 的规定，灌浆套筒内应无杂物、管路应通畅，连接钢筋弯折度应不大于 3°。检验合格率不应小于 95%。如发现不合格数超过检验数 5%时，应逐个检验并校正，直到合格为止。同时填写检验记录以备验收。 检查数量：检验批量各项目数量不应大于 1000 个，抽检数量不应少于 10%。 其余地区项目按地区标准执行。 检验方法：观察、盒尺测量、检查施工现场检验记录。 现场检验还包括灌浆应密实饱满，所有出浆口均应冒浆，并应能成功封堵和保压。灌浆料凝固后，取下出浆口的封堵胶塞，检查口内凝固灌浆料状态：竖向灌浆，灌浆料上表面不低于排浆孔下缘为灌浆密实饱满；水平向灌浆，灌浆料与排浆孔道间无空隙为灌浆密实饱满。如发现灌浆不饱满，应采取适当方法进行补浆。不合格率高于 1%时，应查找原因后，再进行灌浆施工。同时填写现场灌浆检验记录以备验收。 检查数量：进行 100%检验。 检查方法：观察、检查灌浆连接检验记录。 5. 其他： （1）对抽检不合格的灌浆套筒、灌浆料验收批，应做退货处理。 （2）对现场抽检不合格的灌浆接头及灌浆料验收批，应由工程有关各方研究后提出处理方案。 6. 低温灌浆料使用提示说明： （1）低温灌浆料属新材料，工程如需使用，应编制专项施工方案并进行专家论证。 （2）低温灌浆料的适用温度多在−5～5℃（具体以厂家说明书为准）；当作业面环境温度低于−5℃时，应采取有效保温控温措施，防止温度进一步降低，当作业面环境温度低于−10℃时，严禁使用低温灌浆料；当作业面环境温度超过 5℃时，应采取有效通风降温措施，防止温度过快升高，当作业面环境温度超过 10℃时，严禁使用低温灌浆料（温度过高易造成低温灌浆料流动性瞬时损失过大）。 （3）低温灌浆料应优先选用工程案例较多的成熟品牌。 （4）施工现场严禁低温灌浆料和常温灌浆料混用

4. 推荐标准

推荐标准

预制构件码放标准：

1. 堆放场地应平整、坚实，并应有排水措施。
2. 施工现场堆放的构件，宜按安装顺序分类堆放，堆垛宜布置在吊车工作范围内且不受其他工序施工作业影响的区域。
3. 应保证最下层构件垫实，预埋吊件宜向上，标识宜朝向堆垛间的通道。
4. 构件支垫应坚实，垫木或垫块在构件下的位置宜与脱模、吊装时的起吊位置一致。重叠堆放构件时，每层构件间的垫木或垫块应在同一垂直线上。
5. 重叠堆放构件时，每层构件间的垫块应上下对齐，堆垛层数应根据构件、垫块的承载力确定，并应根据需要采取防止堆垛倾覆的措施。
6. 堆放预应力构件时，应根据构件起拱值的大小和堆放时间采取相应措施，并考虑反拱的影响。
7. 墙板当采用插放架直立堆放构件时，插放架应有足够的承载力和刚度，并应支撑稳固

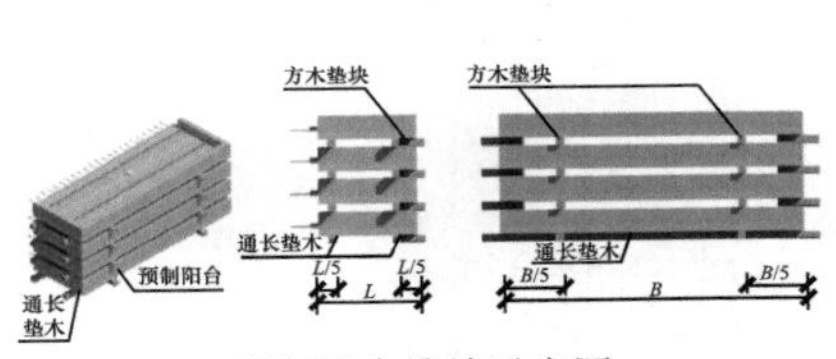

预制阳台堆放示意图
B、L—码放相关尺寸

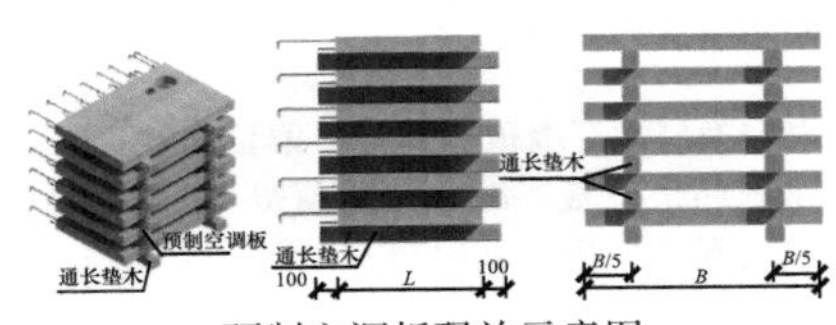

预制空调板码放示意图

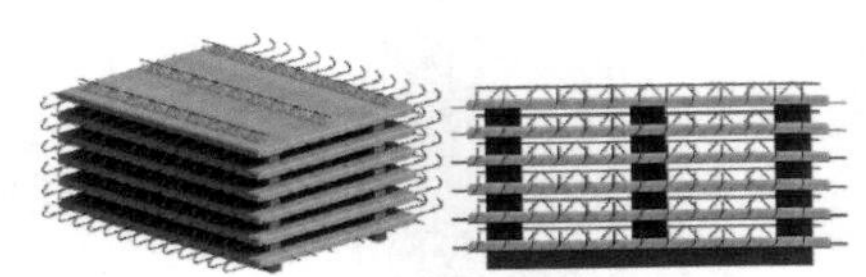

预制叠合板码放示意图

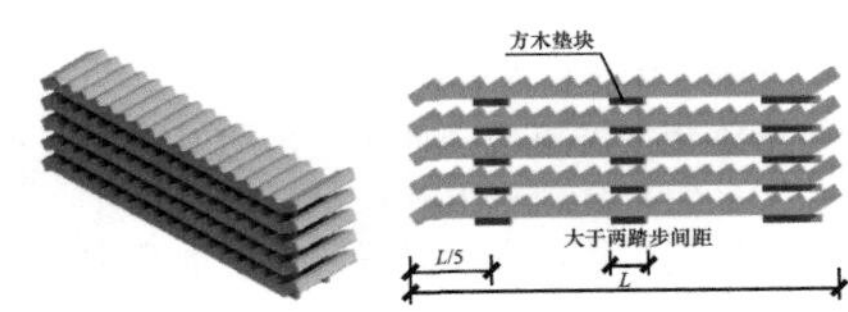

预制楼梯码放示意图

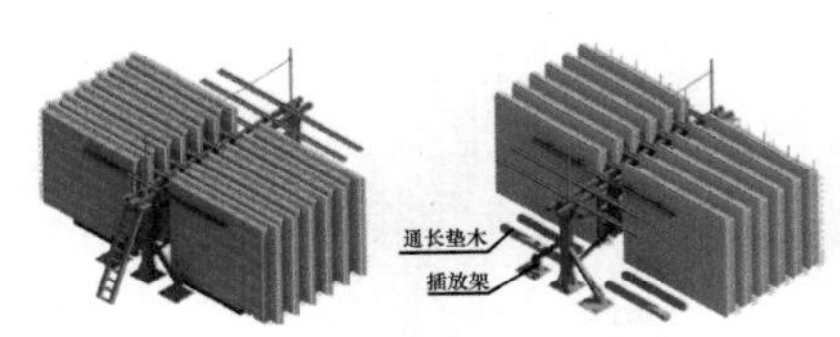

预制墙板码放示意图

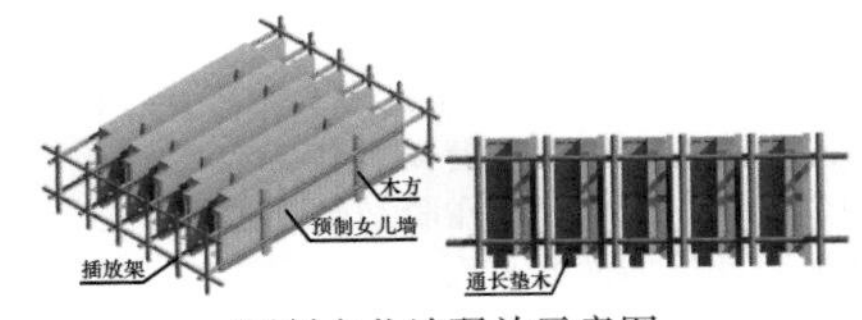

预制女儿墙码放示意图

续表

推荐标准		
转换层插筋定位锚板： 应用部位：现浇混凝土结构与预制构件结合层部位。 作用：针对转换层预制墙板插筋容易偏位问题，采用定型化钢筋定位板，准确控制预留钢筋位置，减少偏位问题发生，同时可周转使用，提质增效	 插筋定位锚板示意图	 定位板现场使用示意图
转角部位墙体成品加固装置： 应用部位：预制墙体转角需要现浇部位。 作用：针对墙体转角需要现浇部位，采用成品直角背楞，配合铝合金模板形式，提高加固效率，提高模板周转次数，有效提高实体质量及观感质量	 定型直角背楞及铝模加固装置	 定型直角背楞及铝模加固装置
灌浆孔出浆管部位液面保持装置： 应用部位：现场灌浆作业施工，出浆孔位置。 作用：针对灌浆作业中灌浆套筒容易不饱满问题，采用定型化出浆装置，在凝结硬化过程中始终保持灌浆套筒内液面高度，减少灌浆饱满度问题发生，同时可周转使用，提质增效	 灌浆出浆管实施图	 灌浆出浆管实施图